Go言語による並行処理

Katherine Cox-Buday 著
山口 能迪 訳

本書で使用するシステム名、製品名は、いずれも各社の商標、または登録商標です。
なお、本文中では™、®、©マークは省略している場合もあります。

Concurrency in Go
Tools and Techniques for Developers

Katherine Cox-Buday

Beijing · Boston · Farnham · Sebastopol · Tokyo

© 2018 O'Reilly Japan, Inc. Authorized Japanese translation of the English edition of Concurrency in Go.
© 2017 Katherine Cox-Buday. All rights reserved. This translation is published and sold by permission of O'Reilly Media, Inc., the owner of all rights to publish and sell the same.

本書は、株式会社オライリー・ジャパンがO'Reilly Media Inc.の許諾に基づき翻訳したものです。日本語版についての権利は、株式会社オライリー・ジャパンが保有します。

日本語版の内容について、株式会社オライリー・ジャパンは最大限の努力をもって正確を期していますが、本書の内容に基づく運用結果については責任を負いかねますので、ご了承ください。

本書の出版のために献身してくれたLとNへ。
かけがえのない二人です。愛しています。

訳者まえがき

　Goは、C++、Java、Pythonといった言語でGoogleを支える巨大なシステムを開発する際に抱えていた問題を解決するために開発されたプログラミング言語[1]で、2007年にそのアイデアが提案され、2009年にオープンソースとして世間に公開されました[2]。2007年といえばすでに時代はマルチコアCPUの時代。またいまや当たり前となったクラウドコンピューティングサービスが広く提供され始めたのもこの時期からでした。こうしたクラウドコンピューティングサービス上で構成されるシステムアーキテクチャでは、個々のシステムが多くの通信によって連携を取るような構成も多く見られ、1台のインスタンスでいかに多くの接続を受け取り処理するかが鍵となっていました。

　そうした背景において、Goの言語仕様の中にゴルーチンやチャネルという、並行処理を支える機能が組み込まれたことは必然と言えるでしょう。CPUの性能を余すことなく利用するために必須とも言える並列・並行処理の扱いがこれほどまでに容易であることは、Goの大きな利点であると言えます。しかしながら、並行処理の扱いが容易な一方で、Go特有とも言える並行処理の表現方法により、最適解と呼べるパターン集がなかなかまとまった形で得られていませんでした。

　訳者が原著である "Concurrency in Go" を初めて手にとって読んだとき、ようやくGoの並行処理をまとまった形で提供する書籍が出たと感じました。単純にゴルーチンやチャネルを使った並行処理のパターンを紹介するだけでなく、その背景にある理論やランタイムの動作原理まで網羅しているので、これから並行処理を学んでいく人にとっても良い導入になっていると思います。したがって、本書はすでにGoに熟練したソフトウェアエンジニアだけでなく、Goの入門書の次の一冊を探している方、また他言語での並行処理の経験はあるがGoでの並行処理に慣れていない方、と幅広い方々に楽しんでいただける内容となっています。

　また日本語訳にあたり訳者やレビュアーが原文で不足していると感じた部分に関しては積極的に訳注や加筆をしました。そうした日本語訳版オリジナルの内容も読者の皆様に楽しんでいただければと

---

[1] https://talks.golang.org/2012/splash.article
[2] https://talks.golang.org/2015/gophercon-goevolution.slide

思います。Goはまだ誕生してから10年経っていないこともあり、各機能の使い方についてコミュニティ内では様々な意見があります。加筆にあたっては、読者の皆様が本書全体を通して、なるべく中立な情報を得られるよう心がけました。情報が足りないと感じた部分については参照先を、意見が偏っていると感じた部分には別の考え方も記載しました。本書をきっかけに、Go本体のソースコードも含め多くの情報に触れ、読者の皆様のGoのより広く深い理解のきっかけになれば幸いです。

　最後に、本書の翻訳にあたって、校正やレビュー、また私の事情を汲んでスケジュール調整してくださったオライリー・ジャパン社の瀧澤昭広さんに感謝いたします。打ち合わせのあとに毎回美味しいお店を紹介していただいたことで、翻訳のモチベーションも上がりました。多くのフィードバックをくださったレビュアーの伊藤友気さん、上田拓也さん、上西康太さん、小泉守義さん、知久翼さん、渋川よしきさん、中島大一さん、松木雅幸さん（五十音順）にはこの場を借りて改めて感謝申し上げます。本書の内容に限らず、レビュアーの皆様とのやり取りは日々の活力となっており、また技術者としても大きく刺激を受けました。その他、すべての方のお名前を挙げることはできませんが、さまざまな方のご協力や応援のおかげで本書を訳すことができました。ありがとうございました。

2018年10月
山口能迪

序文

ようこそ「Go言語による並行処理」へ！あなたがこの本を手にとってくれたこと、そしてGoの並行プログラミングについてこれから始まる全6章をあなたとともに探求できることを嬉しく思います。

Goは魅力的な言語です。Goが初めて世に公開されたときに、私はとても興味深く思いながら、Goの調査をしていたことを覚えています。Goは文法が簡潔で、信じられないほどコンパイルが速く、パフォーマンスもよく、ダックタイピングもサポートしていて、そして嬉しいことに、Goの**並行処理に関するプリミティブ**（Concurrency Primitives）の扱いが直感的でした。初めてgoというキーワードを使ってゴルーチンを生成（これについてはあとでちゃんとお話します！）したとき、思わず笑みがこぼれてしまいました。それまでいくつかの言語で並行処理を扱ってきましたが、これほどまで簡単に並行処理を扱える言語には出会ったことがありませんでした（存在しなかったという意味ではありません。単に私がそういう言語を使ったことがなかっただけです）。私は "Go" するべき道を見つけたのです。

過去数年間で、個人用のスクリプトからはじめて、個人的なプロジェクトを経て、何百何千行もの規模の業務プロジェクトでGoを使うようになりました。Goのコミュニティが言語とともに成長するかたわらで、Goでの並行処理に関するベストプラクティスが知見として共有されていきました。見つけたパターンに関してカンファレンス等で講演した人を見かけることもあります。しかし、いまだにコミュニティの中でもGoでの並行処理を使いこなすための包括的な手引はほとんどありません。

そのような状況を改善するために、私はこの本を書くことを決意しました。私はコミュニティの人たちにGoでの並行処理に関する、高品質でわかりやすい情報を提供したかったのです。たとえばGoでの並行処理の使い方、システムに導入する際のベストプラクティスとパターン、Goの並行処理の内部構造といった情報です。できる限り多くの情報をバランス良く書いたつもりです。

本書があなたのお役に立つことを願っています！

本書の対象読者

本書はGoでのプログラミング経験がある方を対象としています。本書ではGoの基本的な文法など

の解説は行いません。他の言語での並行処理の記述方法に関する知識は、あれば理解が深まりますが、必須ではありません。

本書を通して、Goでの並行処理に関する技術スタック全体を話題としています。内容としては、ありがちな並行処理に関する落とし穴、Goの並行処理に関する設計の思想、Goの並行処理に関する基本的な文法、並行処理の一般的なパターン、パターンを組み合わせたパターン、便利なツールなどです。

本書の扱うトピックの広さから、本書はさまざまな人々に役立つことでしょう。次の節では、あなたの必要に応じて読む章を選択できるように、各章の解説をしています。

本書の読み進め方

私が技術書を読む際には、いつも自分の興味がそそられる部分をあちこちと読み進めるか、もしくは仕事で新しい技術を素早く習得しなければならないときには、自分の仕事にすぐに関係しそうなところだけをざっと流し読みしてしまいます。いずれの場合においてもあなたが読む必要がある箇所がわかるよう、ここに本書のロードマップを記しておきます。

1章 並行処理入門

この章ではなぜ並行性が重要な概念なのかを幅広く歴史的な観点から説明し、同時に並行処理を正しく動作させることを困難にする根本的な問題についても議論します。また、Goがこの問題を緩和するためにどのような方法を採っているかについても簡単に触れます。あなたが並行性に関する実務的な知識を持っていたり、あるいはただGoでの並行処理のプリミティブの使い方に関する技術的な側面のみを知りたい場合には、この章は飛ばしてしまってもかまいません。

2章 並行性をどうモデル化するか：CSPとは何か

この章ではGo自体の設計に影響を与えた課題について扱います。これらを知ることで、あなたがGoのコミュニティでの他の開発者と会話をする際に必要な背景やGoがなぜそのように動作するかの理由を理解する助けとなるでしょう。

3章 Goにおける並行処理の構成要素

この章からいよいよGoの並行性のプリミティブに関して掘り下げていきます。またsyncパッケージに関してもカバーします。このパッケージはGoのメモリアクセスの同期を担当します。これまでGoで並行処理を書いたことがなく、今すぐ書いてみたいという人は、ここから読み始めると良いでしょう。他のプログラミング言語や並行モデルとの比較の中には多くのGoでの並行処理を書く上での基礎が散りばめられています。厳密に言えば、これらの比較を理解する必要はないのですが、こうした概念を知ることは、Goでの並行性を完全に理解する手助

けとなります。

4章　Goでの並行処理パターン

この章では、Goの並行処理のプリミティブを組み合わせた便利なパターンの書き方を見ていきます。これらのパターンは問題解決に役立つだけでなく、並行処理のプリミティブを組み合わせたときに起こりうる問題を避けることにも役立ちます。あなたがすでにGoで並行処理を書いたことがあったとしても、この章の内容は役立つことでしょう。

5章　大規模開発での並行処理

この章では、先の章で学んだパターンを使って、より大規模なプログラムやサービスや分散システムで用いられるパターンを組み上げていきます。

6章　ゴルーチンとGoランタイム

この章ではGoのランタイムがゴルーチンをどのようにスケジューリングしているかを紹介します。この章はGoのランタイムの内部を理解したい方向けです。

補遺A

補遺では並行プログラムを書いたりデバッグする上で便利なさまざまなツールやコマンドを列挙します。

補遺B

日本語版オリジナルの記事です。本稿ではgo generateの紹介とその利用方法を解説します。

オンライン資料

Goには非常に活発で情熱的なコミュニティがあります！そこはGoを始めたばかりの人には心強く、Goで歩むべき道を示してくれる友好的で頼りなる人々をすぐに見つけられるでしょう。以下にコミュニティ主導で管理されている私のお気に入りのコンテンツをいくつかご紹介します。これらのサイトで文章を読んだり、助けを得たり、他のGo言語ユーザーとやり取りできます。

- https://golang.org/
- https://golang.org/play
- https://go.googlesource.com/go
- https://groups.google.com/group/golang-nuts
- https://github.com/golang/go/wiki

表記上のルール

本書では、次に示す表記上のルールに従います。

太字（Bold）
　　新しい用語、強調やキーワードフレーズを表します。

等幅（Constant Width）
　　プログラムのコード、コマンド、配列、要素、文、オプション、スイッチ、変数、属性、キー、関数、型、クラス、名前空間、メソッド、モジュール、プロパティ、パラメーター、値、オブジェクト、イベント、イベントハンドラ、XMLタグ、HTMLタグ、マクロ、ファイルの内容、コマンドからの出力を表します。その断片（変数、関数、キーワードなど）を本文中から参照する場合にも使われます。

等幅太字（**Constant Width Bold**）
　　ユーザーが入力するコマンドやテキストを表します。コードを強調する場合にも使われます。

ヒントや示唆、興味深い事柄に関する補足を表します。

ライブラリのバグやしばしば発生する問題などのような、注意あるいは警告を表します。

サンプルコードの使用について

　本書の目的は、読者の仕事を助けることです。一般に、本書に掲載しているコードは読者のプログラムやドキュメントに使用してかまいません。コードの大部分を転載する場合を除き、我々に許可を求める必要はありません。例えば、本書のコードの一部を使用するプログラムを作成するために、許可を求める必要はありません。なお、オライリー・ジャパンから出版されている書籍のサンプルコードを販売したり配布したりする場合には、そのための許可が必要です。本書や本書のサンプルコードを引用して質問などに答える場合、許可を求める必要はありません。ただし、本書のサンプルコードのかなりの部分を製品マニュアルに転載するような場合には、そのための許可が必要です。

　出典を明記する必要はありませんが、そうしていただければ感謝します。『Go言語による並行処理』

(オライリー・ジャパン発行、ISBN978-4-87311-846-8) のように、タイトル、著者、出版社、ISBNなどを記載してください。

サンプルコードの使用について、公正な使用の範囲を超えると思われる場合、または上記で許可している範囲を超えると感じる場合は、japan@oreilly.co.jp までご連絡ください。

意見と質問

本書の内容については、最大限の努力をもって検証、確認していますが、誤りや不正確な点、誤解や混乱を招くような表現、単純な誤植などに気がつかれることもあるかもしれません。そうした場合、今後の版で改善できるようお知らせいただければ幸いです。将来の改訂に関する提案なども歓迎いたします。連絡先は次の通りです。

株式会社オライリー・ジャパン
電子メール japan@oreilly.co.jp

本書のWebページには次のアドレスでアクセスできます。

https://www.oreilly.co.jp/books/9784873118468/

オライリーに関するそのほかの情報については、次のオライリーのWebサイトを参照してください。

https://www.oreilly.co.jp/
https://www.oreilly.com/ (英語)

謝辞

執筆は気が遠くなるような困難をともなう作業です。レビューやツールの作成、質問への回答など、私を支えてくれる多くの人々なしには成し得ませんでした。支援してくれた方々への深い感謝を心から申し上げます。本書は私たち全員による成果です！

> ツバメが一羽来たとて夏にはならない (早合点は禁物)
> 西洋の諺

- Alan Donovanは、本書の書籍化の提案をし、進行を手伝ってくれました
- Andrew WilkinsとCanonical社で同僚として働けたことは本当に幸運でした。彼の洞察やプロフェッショナル精神、そして知性は本書に影響を与えました。そして彼のレビューは本書をより良いものにしてくれました。
- Ara Pulidoは本書で新たにGoを学ぶ人の視点からのフィードバックを与えてくれました。

- Dawn Schanafeltは、私の編集者で、本書の大部分をできる限り読みやすいものにしてくれました。特に彼女（とO'Reilly）が、私が生活の事情で執筆が困難になったときも、気長に待ってくれたことに感謝しています。
- Francesc Campoyは、常に心の中にGo言語に対する新しい視点が持てるように意識させてくれました。
- Ivan Danilukが細部に注意を払ってくれたこと、そして彼の並行性に関する興味によって、この本が理解しやすく有用なものとなりました。
- Yasushi Shojiはorg-asciidocというツールを作ってくれました。これを使ってOrgモードからAsciiDocの文章を出力しました。彼は私の執筆の助けになったことは知らないのですが、彼は常にバグレポートや質問に答えてくれました！
- Goのメンテナーの方々。あなた方の献身に感謝しています。
- 本書を執筆するにあたり使用したGNU EmacsのモードであるOrgモードのメンテナーの方々。本当にありがとうございました。
- 本書の執筆に使用したエディタであるGNU Emacsのメンテナーの方々。私の人生においてこれほどまでにいつも効率をあげてくれた道具を私は知りません。
- St. Louis公立図書館で本書のほぼすべてを書き上げました。

目次

訳者まえがき vii
序文 ix

1章　並行処理入門 1
　1.1　ムーアの法則、Webスケール、そして私たちのいる混沌 2
　1.2　なぜ並行処理が難しいのか 4
　　　1.2.1　競合状態 4
　　　1.2.2　アトミック性 6
　　　1.2.3　メモリアクセス同期 8
　　　1.2.4　デッドロック、ライブロック、リソース枯渇 10
　　　1.2.5　並行処理の安全性を見極める 18
　1.3　複雑さを前にした簡潔さ 20

2章　並行性をどうモデル化するか：CSPとは何か 23
　2.1　並行性と並列性の違い 23
　2.2　CSPとは何か 26
　2.3　これがどう役に立つのか 29
　2.4　Goの並行処理における哲学 32

3章　Goにおける並行処理の構成要素 37
　3.1　ゴルーチン（goroutine） 37

3.2	syncパッケージ	47
	3.2.1　WaitGroup	48
	3.2.2　MutexとRWMutex	49
	3.2.3　Cond	53
	3.2.4　Once	57
	3.2.5　Pool	59
3.3	チャネル（channel）	65
3.4	select文	79
3.5	GOMAXPROCSレバー	83
3.6	まとめ	84

4章　Goでの並行処理パターン　　87

4.1	拘束	87
4.2	for-selectループ	91
4.3	ゴルーチンリークを避ける	92
4.4	orチャネル	96
4.5	エラーハンドリング	99
4.6	パイプライン	102
	4.6.1　パイプライン構築のためのベストプラクティス	106
	4.6.2　便利なジェネレーターをいくつか	111
4.7	ファンアウト、ファンイン	116
4.8	or-doneチャネル	121
4.9	teeチャネル	123
4.10	bridgeチャネル	124
4.11	キュー	126
4.12	contextパッケージ	133
4.13	まとめ	148

5章　大規模開発での並行処理　　149

5.1	エラー伝播	149
5.2	タイムアウトとキャンセル処理	158

5.3	ハートビート	164
5.4	複製されたリクエスト	175
5.5	流量制限	177
5.6	不健全なゴルーチンを直す	191
5.7	まとめ	197

6章　ゴルーチンとGoランタイム ... 199

6.1	ワークスティーリング	199
	6.1.1　タスクと継続どちらを盗むのか	206
6.2	すべての開発者にこの言葉を贈ります	213
6.3	結論	214

補遺A ... 215

A.1	ゴルーチンのエラーの解剖	215
A.2	競合状態の検出	216
A.3	pprof	218
A.4	trace	219

補遺B　go generate ... 223

B.1	空インターフェースの使用について	223
B.2	go generate とは何か	224
B.3	go generate の機能	224
B.4	例：genny を利用する	225
B.5	ジェネリクスについて	227

索引 ... 229

1章
並行処理入門

　並行性というのは面白い言葉です。なぜならば、ソフトウェア開発の世界においてはさまざまな人がさまざまな意味でその言葉を使うからです。「並行性」に加えて、「非同期」「並列」「スレッド」といった言葉が飛び交っているのも聞いたことがあるでしょう。ある人はこれらの単語はすべて同じ意味であるといい、ある人はそれぞれの単語をそれぞれ別の意味として事細かに説明します。本書で並行性について議論する時間を価値のあるものにするためには、まず、私たちが「並行性」と言ったときに何を指すのかを議論するところから始めることに意味がありそうです。

　並行性の哲学に関しては**2章 並行性をどうモデル化するか：CSPとは何か**で触れますが、いまは私たちの解釈の基礎となる実用的な定義を採用しましょう。

　多くの人が「並行性」という言葉を使うときには、通常1つ以上の処理が同時に発生する処理のことを指しています。また通常は、暗にこれらの処理は同時に実行されるということも示唆しています。この定義のもとで並行性を考えるときの簡単な例は人間です。あなたはいまこの文を読んでいる一方で、他の人たちは彼らの人生を生きています。彼らはあなたと「並行して」存在しているのです。

　並行性というのは計算機科学では幅広いトピックで、この定義から多くのトピックが派生します。たとえば、理論、並行性のモデル化手法、論理の正当性、実践的課題（それも理論物理においての！）です。本書では、これらの派生的な話題にも触れますが、たいていの場合はGoの文脈で並行性を理解するときに関係する実践的な問題に集中して話します。具体的にいえば、Goは並行性をどのようにモデル化するか、このモデルで生じる問題は何か、それらの問題を解決するためにどのようにプリミティブを組み合わせていくか、についてのみ考えます。

　この章では、計算機科学において、これほどまでに並行性が重要になったいくつかの理由、並行性が難しく入念な研究が必要となる理由、そして——これが最も重要なのですが——これらの課題があるにもかかわらずGoではその並行性のプリミティブを使ってなぜプログラムをきれいにそして早く書けるのか、について広く考えてみます。

　何かを理解するたいていの場合にそうするように、まずは歴史から入ってみましょう。まず、並行性がどのようにしてこのように重要なトピックになったかについて見てみます。

1.1 ムーアの法則、Webスケール、そして私たちのいる混沌

1965年に、Gordon Mooreは、エレクトロニクス市場が集積回路に向けて統合していくこと、集積回路内のコンポーネントの数は、最低でも10年間は毎年2倍ずつ増えていくという内容を記した3ページの論文を発表しました。1975年には彼はこの予測を改訂して、集積回路内のコンポーネントの数は2年で2倍になると述べました。この予測は最近、だいたい2012年頃まではおおよそ当てはまっていました。

ムーアの法則[†1]が予測した値よりも集積回路内のコンポーネントの増加の割合が少なくなると予想したいくつかの会社が、コンポーネント数の増加とは異なる、計算能力を増加させる方法を調査し始めました。慣用句があるように、必要は発明の母です。そしてその結果として、マルチコアプロセッサーが誕生しました。

この方法はムーアの法則の限界問題を解決する賢い方法のように思えましたが、計算機科学者はすぐに別の法則による限界を見つけてしまいました。計算機設計者のGene Amdahlの名にちなんだアムダールの法則です[†2]。

アムダールの法則は、ある問題を並列化したプログラムで解いたときに得られる潜在的なパフォーマンスの向上をモデル化したものです。簡単にいうと、そのプログラムの何割を並列化できないかによって、並列化による性能向上の限界が決まるということです。

たとえば、大部分がGUIベースのプログラムを書いているとしましょう。ユーザーにはインターフェースが表示されていて、何らかのボタンを押すと何かが起きます。このようなプログラムは、人間による相互作用という1つの大きな直列のパイプラインによって限界が決められてしまいます。このプログラムでどれほど多くのCPUコアが使えたとしても、ユーザーがインターフェースを操作する速度よりも速くなることはありません。

また別の例としてπの数値計算を考えてみましょう。**Spigotアルゴリズム**[†3]と呼ばれるアルゴリズムをつかえば、この問題は**驚異的並列**で解ける問題になります。この言葉は、取ってつけたようですが、技術的には容易に並列タスクに分割できるという意味のれっきとした専門用語です。πの計算についていえば、プログラムでより多くのコアが使えるようになり、問題を結果の結合と保存の方法に集約できれば、性能は劇的に改善します。

アムダールの法則によって、GUIベースのプログラムとπ計算という2つの問題の違いを理解しやすくなります。また、並列化がシステムの性能に関する懸念に対して取り組むべきことであるかを決定す

[†1] 訳注: ムーアの法則の論文のURL。https://www.cis.upenn.edu/~cis501/papers/mooreslaw-reprint.pdf トランジスタの数や密度は依然として増加傾向にありますが、シングルコアでパイプラインを深くしてクロック数を増加させるという手法に限界が見えてきたというのが現実です。

[†2] 訳注: アムダールの法則の原典は次のURLを参照。http://www-inst.eecs.berkeley.edu/~n252/paper/Amdahl.pdf

[†3] 訳注: spigotは配管の差込口や蛇口を意味する単語で、Spigotアルゴリズムの名前もここから来ています。https://en.wikipedia.org/wiki/Spigot_algorithm

る上でも役に立ちます。

　驚異的並列可能な問題に対しては、アプリケーションを水平にスケールできるように書くべきです。つまり、プログラムのインスタンスをより多くのCPU、あるいはマシンで稼働させて、結果としてシステムの実行時間が改善するようにするということです。驚異的並列可能な問題はこのモデルにうまく適合します。なぜなら、そういった問題の場合、問題をある程度分割してからあなたのプログラムの別のインスタンスに送るといった形のプログラムにするのがとても容易だからです。

　水平方向へのスケーリングは2000年代初頭に**クラウドコンピューティング**という新たなパラダイムが根付いたことで、より簡単になりました。1970年代には既にクラウドコンピューティングというフレーズ自体が使われた形跡がありましたが、実際にその考え方が世間に根付いたのは2000年代初頭です。クラウドコンピューティングの台頭はより大きな規模でのアプリケーションのデプロイと水平スケールのための新しいアプローチを示唆していました。クラウドコンピューティングでは、あなたが注意深く管理しソフトウェアをインストールして運用していたマシンのかわりに、膨大なリソースプールの中から負荷に応じてプロビジョニングされたマシンを利用するという形になりました。マシンは、これから動かすプログラムに合った最適な構成を選んでプロビジョニングして、ほぼ確実に使い捨てるものになりました。通常（常にではなく）こういったリソースプールは他社のデータセンターでホストされています。

　この変化によって新しい考え方が促されるようになりました。突如として、開発者は大きな問題の解決に使える膨大な量の計算資源にアクセスできるようになったのです。そういった解決策では多くのマシンを気軽に、場合によっては世界中のマシンでさえも立ち上げられるようになりました。クラウドコンピューティングはこれまでは技術系の最大手企業しかできなかったような、新しい種類の課題を解く一助となり得たのです。

　しかしクラウドコンピューティングは新たな課題を明らかにしました。リソースをプロビジョニングしたり、マシンインスタンス同士でやり取りをしたり、結果を集めて保存したりといったことすべてが解決すべき問題となりました。しかし特に難しかったのは、どのようにコードを並行にするかという部分でした。異なるマシン上でプログラムを動かすことによって、問題を並行に処理する場合によく直面する問題がより悪化することもありました。こうした問題をうまく解決することによって*Web*スケールと呼ばれるソフトウェアを形容する新しい言葉ができました。

　とりわけ、ソフトウェアがWebスケールであれば、そのソフトウェアは驚異的並列化可能な問題であると期待できます。つまり、Webスケールのソフトウェアは、通常何百何千（あるいはそれ以上）もの同時処理をアプリケーションにインスタンスを追加することによってさばくことができると期待できます。この特徴によって、ローリングアップデートや柔軟に水平スケールできるアーキテクチャ、地理的分散といった性質が実現可能となりました。またWebスケールのソフトウェアでは、アーキテクチャの理解と耐障害性に関する新しい水準の複雑さが現れました。

　そして、私たちモダン開発者は、マルチコアプロセッサー、クラウドコンピューティング、Webスケー

ル、そして相対する課題が並列化可能かどうかの見極めが必要、そんな世界にいます。そしておそらく多少圧倒されていることでしょう。重大な責任が私たちに押し付けられ、私たちは使えるハードウェアの制約の中で問題を解決するという課題に立ち向かうことを期待されています。2005年に、Herb Sutterが *Dr. Dobb's*（ドクター・ドブズ・ジャーナル）で"The free lunch is over: A fundamental turn toward concurrency in software"（フリーランチは終わった）[†4]というタイトルの記事を執筆しました。タイトルは適切で、記事の内容は先見性がありました。記事の終わりのほうで、Sutterは次のように述べていました。「私たちにはプログラミング言語が今現在提供している並行処理の機能よりもより高水準なプログラミングモデルが是が非でも必要である。」

なぜSutterがそのような強い言葉を使ったのかを知るためには、並行処理を正しく動作させることがなぜ非常に困難かを見ていく必要があります。

1.2　なぜ並行処理が難しいのか

並行処理のコードは正しく動作させることが著しく難しいものです。通常、期待通りに動作させるためにはプログラムを書いてデバッグをするというサイクルを何度か回す必要があります。それでもバグが何年も眠ったままで、何かのきっかけ（ディスク使用率の高さ、ログインユーザー数の増加など）で、そのバグが突然頭をもたげてくることも珍しくはありません。実際に、本書のサンプルコードでも、こうしたことがないようにできる限り多くの方々に目を通してもらいました。

幸いなことにあらゆる人が並行処理を扱う際に同じ問題に遭遇しています。そのおかげで、計算機科学者はよくある問題に対して名前をつけることができました。そして名前があることでその問題がどのように、なぜ発生し、そしてどう解決すればよいかを議論できるようになりました。

それでは早速始めましょう。これから、並行処理の中でも、もっとも頻繁に現れ、腹立たしく、同時に興味深い問題のいくつかについて解説します。

1.2.1　競合状態

競合状態は、2つ以上の操作が正しい順番で実行されなければいけないところで、プログラムが順序を保証するように書かれていなかったときに発生します。

たいていの場合、競合状態はいわゆるデータ競合です。ある並行処理の操作が変数を読み込もうとしているときに、ほかの並行処理の操作が不確定のタイミングで同じ変数に書き込みを行おうとすると発生します。

ここに簡単な例を挙げます。

[†4]　訳註: 記事の内容は、これまではシングルコアの性能向上に応じてソフトウェアの性能も向上していたので、プログラマはタダ飯食いをしているようなものだったが、マルチコアの時代に入ってそうは行かなくなった、というものです。http://www.gotw.ca/publications/concurrency-ddj.htm

```
var data int
go func() { // ❶
    data++
}()
if data == 0 {
    fmt.Printf("the value is %v.\n", data)
}
```

Goではgoキーワードを使って関数を並行に実行できます。goキーワードを使うことでゴルーチンを生成できます。詳細は**3.1 ゴルーチン**の節で紹介します。

ここで、3行目と5行目ではともにdataという変数にアクセスしようとしています。しかし、どの順番でそれぞれが実行されるかについてはなんの保証もありません。このコードの実行結果として3つの結果が考えられます。

- 何も表示されない。この場合3行目は5行目の前に実行される。
- the value is 0が表示される。この場合、5-6行目は3行目の前に実行される。
- the value is 1が表示される。この場合、5行目は3行目の前に実行されるが、3行目は6行目の前に実行される。

見てわかるとおり、たった数行の間違ったコードが、プログラムの結果に多くのばらつきを生じさせています。

多くの場合、データ競合は開発者がプログラムを直列に考えたときに混入します。あるコードが他のコードよりも前に書いてあるから、それが先に実行されると思ってしまうのです。そういう考えがあると、先程の例のゴルーチンはdata変数がif文で読み込まれるよりも前にスケジュールされて実行されると考えてしまうのです。

並行処理のコードを書くときは、考えられるシナリオを慎重に反芻しなければなりません。本書でこれから紹介する技術を使わなければ、ソースコードの中に記述した順番で実行される保証はありません。各操作が長時間かかって行われるのを想像すると分かりやすいでしょう。例えばゴルーチンが起動されてから実行されるまでに1時間かかると想像してみましょう。実行されるゴルーチンはどう振る舞うでしょうか。ゴルーチンの実行が無事に終わってから、if文まで1時間かかるとしたらどうでしょうか。コンピュータと人間で時間のスケールは異なりますが、スケールに対する時間差はそれぞれ似たようなものなので、このように考えることで人間である私が処理の流れを理解するのには役立っています。

実際のところは、並行処理の問題が解決したように見えるからといって、コードの中にSleep関数をまき散らしてしまう罠に陥っている開発者もいます。先のプログラムで試してみましょう。

```
var data int
go func() { data++ }()
time.Sleep(1*time.Second) // これは良いコードではありません!
```

```
if data == 0 {
    fmt.Printf("the value is %v.\n", data)
}
```

これでデータ競合は解決したのでしょうか。いいえ、解決していません。事実、このプログラムでも先に挙げた3つの結果はどれも起こりえます。ただ起こりにくくなっただけです。ゴルーチンの起動とdataの値の確認の間のスリープを長くすればするほど、プログラムは正しい結果を出力しやすくなります。しかし、これは論理的に正しい結果に対症療法的には近づいていますが、決して論理的に正しくなることはありません。

これに加えて、スリープを加えたことによって、アルゴリズムの中に非効率なものを入れてしまいました。データ競合を起こりにくくするために、1秒スリープさせなければならないのです。正しい道具を使えば、まったく待機する必要もなく、待ったとしても1マイクロ秒程度でしょう。

ここでの教訓は、常に論理的正当性を目指すべきである、ということです。並行プログラムをデバッグするためにSleep関数をコードに入れるのは手軽な方法ですが、それは解決策ではないのです。

競合状態は、プログラムが本番環境に投入されてから何年もして現れるような、並行処理のバグの中でもっとも油断のならないものの1つです。競合状態は、通常コードが実行されている環境の変化や予期せぬ出来事によって急に発生します。このような場合、コードは正しく動作しているように見えても、実際は操作がただ正しい順番で行われている確率が高いだけなのです。遅かれ早かれ、プログラムは意図しない結果を出力するでしょう。

1.2.2　アトミック性

何かがアトミック、あるいはアトミック性があると考えられる場合、それが操作されている特定のコンテキストの中では分割不能、あるいは中断不可であること意味します。

これはつまりどういうことでしょうか。そしてなぜこれが並行処理を考えるときに重要なのでしょうか。

まず、とても重要なのは「コンテキスト」という言葉です。あるコンテキストの中ではアトミックかもしれませんが、別のコンテキストではそうでないかもしれません。たとえば、あなたの処理のコンテキストの中ではアトミックな操作も、オペレーティングシステムというコンテキストではアトミックでないかもしれません。オペレーティングシステムというコンテキストの中ではアトミックな操作も、あなたのマシンというコンテキストではアトミックでないかもしれません。そしてあなたのマシンというコンテキストではアトミックな操作も、あなたのアプリケーションというコンテキストではアトミックでないかもしれません。言い換えれば、ある操作のアトミック性というのは、現在注目しているスコープによって変わりえます。この事実があなたにとって良くも悪くも強く影響してくるでしょう！

アトミック性を考えるときに、もっとも重要なのは、コンテキスト、別の言い方をすればスコープ、操作がアトミックであると考えられる範囲です。これが決まらないと何も始まりません。

こぼれ話

2006年に、ゲーム会社のBlizzardは、彼らのゲーム「World of Warcraft」をユーザーの操作なしに自動でプレイする「Glider」というプログラムを作ったことでMDY Industriesに対し600万米ドルの訴訟を起こしました[†5]。こうしたプログラムは俗に「ボット」(bot、ロボットの略称)と呼ばれています。

そのとき、World of Warcraftには「Warden」というチート対策プログラムがありました。そのプログラムはゲームをしている間いつでも動作していました。特に、Wardenはホストマシンのメモリをスキャンして、チートに使われていそうなプログラムを探します。

Gliderはアトミックコンテキストという概念を利用してうまくこのチェックをかいくぐっていました。Wardenはマシンのメモリをスキャンすることはアトミックな操作だと考えていましたが、Gliderはスキャンが始まる前に自分自身を隠すためにハードウェアによる中断を利用しました! Wardenのメモリのスキャンはそのプロセスの中ではアトミックでしたが、オペレーティングシステムのコンテキストではアトミックではなかったのです。

では次に「分割不能」と「中断不可」という言葉を見てみましょう。これらはあなたが定めたコンテキストの中で、何かアトミックな処理が起きた場合には、そのコンテキスト全体で処理をしていて、その他の何かが同時には起きていない、という意味です。まだ長ったらしいので、例を見てみましょう。

```
i++
```

この例は誰もが書けるもっとも単純な例です。それでいて、容易にアトミック性の概念を例示できます。この例はアトミックに見えますが、少し調べただけでいくつかの操作があることがわかります。

- iの値を取得する。
- iの値を1増やす。
- iの値を保存する。

ひとつひとつの操作はそれぞれアトミックですが、これら3つを組み合わせると、コンテキストによってはアトミックでなくなります。これはアトミックな操作の面白い性質を明らかにします。つまりアトミックな操作を組み合わせても必ずしもより大きなアトミックな操作を作れるわけではないという性質です。操作がアトミックになるかどうかは、アトミックにしたいコンテキストに依存します。コンテキストに1つも並行処理がないプログラムであれば、このコードはそのコンテキスト内ではアトミックで

[†5] 訳注: Wikipediaを参照。https://en.wikipedia.org/wiki/MDY_Industries,_LLC_v._Blizzard_Entertainment,_Inc.

す。もしiを他のゴルーチンに公開しないようなコンテキストのゴルーチンだったら、このコードはアトミックです。

　ではなぜアトミック性を気にかけるのでしょうか。アトミック性は重要です。なぜなら、あるものがアトミックであれば、それを複数の並行なコンテキストで安全に扱えることが暗黙に保証されているからです。この性質によって論理的に正しいプログラムを構成できるようになります。そして、後ほど確認するように、この性質は並行プログラムを最適化することにも使えます。

　たいていの式はアトミックではありません。関数はもちろん、メソッドやプログラムもそうです。アトミック性が論理的に正しいプログラムを作るための鍵で、たいていの式はアトミックでないのなら、どうやってこれらを両立させるのでしょうか。これについては後ほどより掘り下げますが、簡単にいえばさまざまなテクニックを使うことでアトミック性を強制できます。コツはコードのどの部分をアトミックにするか、どの粒度でアトミックにするかを決めることです。次の節でこれらの課題について議論していきます。

1.2.3　メモリアクセス同期

　たとえば、データ競合があったとしましょう。2つの並行処理がメモリの同じ領域にアクセスしようとしていて、ともにアトミックでないアクセスだったとします。先の簡単なデータ競合の例では、少し修正するだけでうまく動きます。

```
var data int
go func() { data++ }()
if data == 0 {
    fmt.Println("the value is 0.")
} else {
    fmt.Printf("the value is %v.\n", data)
}
```

　else節を追加して、dataの値に関係なく出力するようにしました。先に書いたように、これはデータ競合で、プログラムの出力は完全に非決定的です。

　実際、プログラム内で共有リソースに対する排他的なアクセスが必要な場所には名前があります。それはクリティカルセクションと呼ばれています。この例で言えば、次の3つがクリティカルセクションです。

- ゴルーチン。data変数をインクリメントしている。
- if文。dataの値が0かを確認している。
- fmt.Printf文。dataの値を取ってきて出力している。

　プログラム内のクリティカルセクションを守る方法はいくつもあります。そしてGoではその方法をより良く扱えるようになっています。この問題の解決策の1つはクリティカルセクション間でのメモリ

へのアクセスを同期することです。どうするか見てみましょう。

次のコードはGoでは理想的なコードとは言えない（そしてデータ競合の問題をこのような形で解決するのもおすすめしない）ですが、メモリアクセス同期を非常に簡潔に表わしています。例のコード中に出てくる型、関数、あるいはメソッドのうち、知らないものがあっても問題ありません。関数やメソッドの呼び出しを追って、メモリへのアクセス同期の概念の部分に集中してください。

```
var memoryAccess sync.Mutex // ❶
var data int
go func() {
    memoryAccess.Lock() // ❷
    data++
    memoryAccess.Unlock() // ❸
}()

memoryAccess.Lock() // ❹
if data == 0 {
    fmt.Printf("the value is 0.\n")
} else {
    fmt.Printf("the value is %v.\n", data)
}
memoryAccess.Unlock() // ❺
```

❶ data変数のメモリへのアクセスを同期するための変数を追加しました。sync.Mutex型に関しては**3.2 sync**パッケージで解説します。

❷ ここでゴルーチンはそのメモリに対する排他的アクセスを取得して、解放すると宣言するまではそれが続きます。

❸ ここでゴルーチンがメモリの排他的アクセスを解放する宣言をします。

❹ ここでまた制御文がdata変数のメモリに対して排他的アクセスを取得できるように宣言します。

❺ 再度ここでこのメモリに対する処理が終わったことを宣言します。

この例では開発者が従うべき慣例を作りました。data変数のメモリにアクセスしたいときはいつでも、はじめにLockを呼び、そしてアクセスする処理が終わったらUnlockを呼ばなければなりません。これら2つの呼び出しの間に書かれたコードはdataへの排他的アクセス権があると想定できます。つまり無事にメモリに対する同期的なアクセスが得られます。また、開発者がこの慣例に従わない場合、排他的アクセス権が得られる保証はありません！この考え方については**4.1 拘束**でまた紹介します。

データ競合を解決した一方で、実際はまだ競合状態が解決していないことにお気づきかもしれません！このプログラムでの操作の順序はまだ非決定的です。先ほどの例では非決定的になる範囲を狭めただけです。この例では、ゴルーチンが先に実行されるか、あるいはifとelseのブロックが先に実行されるかのどちらかです。まだこのプログラムでは、どちらが先に実行されるかはわかりません。後ほど、こういった類の問題を適切に解決するための道具を紹介します。

見た目は非常に単純な話に見えます。それはクリティカルセクションを見つけたら、メモリへの同期

的アクセスの場所を増やすのです！簡単ですよね？まあ、聞こえはそうです。

ある種の問題はメモリへの同期的アクセスによって解決することができます。しかし、つい先ほど見たように、同期的アクセスはデータ競合や論理的正当性を自動的には解決しません。さらに言うと、保守性や性能の問題も生じさせます。

先ほどメモリに対して排他的アクセスが必要であると宣言するために慣例を作った、と言ったことに注意してください。慣例は偉大ですが、簡単に無視されるものでもあります——特に慎重にプログラムを書くことよりも、ビジネス要求が重視されるような開発現場では。このような書き方でメモリへの同期的アクセスをすることによって、他の開発者が今後同じ慣例に倣うことを当てにしています。それはとても叶わない要求です。ありがたいことに、こうした問題に関して、本書では後ほど同僚とよりうまくやっていくための方法に触れています。

また、このような書き方でメモリへの同期的アクセスをすると、パフォーマンスに悪影響があります。詳細は3.2 syncパッケージの節でsyncパッケージを説明するときにお教えしますが、Lockを呼び出すとプログラムは遅くなります。これらの操作をおこなうたびに、プログラムは一定時間止まります。このことで2つの疑問が湧いてきます。

- クリティカルセクションが繰り返されていないか。
- クリティカルセクションの大きさはどれほどに留めるべきか。

プログラム内でこの2つの疑問に答えていくのは勘所が必要ですが、これがメモリへの同期的アクセスを難しくしているものです。

メモリへ同期的にアクセスすると、並行プログラムを設計する他のテクニックと同じ問題を抱えることがあります。次の節ではそのことについて議論していきます。

1.2.4 デッドロック、ライブロック、リソース枯渇

前の節では、これらの問題が正しく対処されていれば、プログラムが誤った動作をすることはありえないという、プログラムの正しさについて議論してきました。残念なことにもしこれらの問題に正しく対処できたとしても、また別の問題に取り組まなければいけません。それがデッドロック、ライブロック、リソース枯渇といった問題です。これらの問題はすべて、常に確実に何か意味のある処理をプログラムにさせることが主題となります。正しく対処されなければ、プログラムがまったく機能しない状態になってしまいかねません。

デッドロック

デッドロックしたプログラムとは、すべての並行なプロセスがお互いの処理を待ち合っている状況になっているものを指します。この状態では、プログラムは外部からの介入がない限り、決して動作する状態になりません。

遭遇したくない状況だと思うでしょうが、実際に遭遇したくない状況なのです！Goのランタイムは外部介入をしようとしていますし、ある種のデッドロックは検知します（すべてのゴルーチンはブロックされる、あるいは「休眠」しなければなりません）[†6]。しかし、デッドロックを防ぐことにはあまり役に立っていません。

デッドロックとは何かをしっかりと理解するために、まずは例を見てみましょう。繰り返しになりますが、型、関数、メソッド、パッケージなどに知らないものがあっても問題ありません。関数の呼び出しなどからコードの意味を推測して追ってみてください。

```go
type value struct {
    mu    sync.Mutex
    value int
}
var wg sync.WaitGroup
printSum := func(v1, v2 *value) {
    defer wg.Done()
    v1.mu.Lock() // ❶
    defer v1.mu.Unlock() // ❷

    time.Sleep(2*time.Second) // ❸
    v2.mu.Lock()
    defer v2.mu.Unlock()

    fmt.Printf("sum=%v\n", v1.value + v2.value)
}

var a, b value
wg.Add(2)
go printSum(&a, &b)
go printSum(&b, &a)
wg.Wait()
```

❶ ここで流入してくる値のためにクリティカルセクションに入ります。
❷ ここでdefer文を使ってprintSumが値を戻す前にクリティカルセクションを抜けます。
❸ ここで処理の負荷をシミュレートするために一定時間スリープします（そしてデッドロックを誘発します）。

このコードを実行してみると、おそらく次のメッセージを目にすると思います。

```
fatal error: all goroutines are asleep - deadlock!
```

なぜでしょう。コードを慎重に見てみると、コードの中でタイミング依存の問題があることがわかり

[†6] ランタイムが部分的なデッドロックを検知するようにするための提案が採択されていますが、まだ実装されていません。詳細はこちらをご覧ください。https://github.com/golang/go/issues/13759 (訳注: デッドロックの検知はその後ランタイムに導入されています)

ます。これは何が起きているかを図解したものです。四角は関数を、水平な線はこれらの関数の呼び出しを、垂直な線は関数の生存時間を表しています（**図1-1**）。

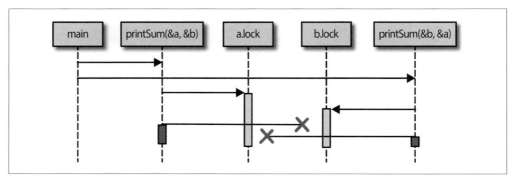

図1-1：デッドロックに至るタイミング依存の問題の図解

　本質的には、一緒に回せない2つの歯車を作ってしまったようなものです。まず、最初のprintSumを呼び出しではaをロックして、その後bをロックします。しかし一方で、2回めのprintSumの呼び出しではbをロックしていて、その後にaをロックしようとします。両方のゴルーチンはお互いに無限に待ち合います。

皮肉

　この例を簡潔に保つために、デッドロックの誘発にtime.Sleepを使いました。しかし、これが競合状態を引き起こしたのです！見つけられましたか？
　論理的に「完璧な」デッドロックには正しい同期処理が必要なのです[†7]。

　先ほどのように図解すれば、なぜデッドロックが起きているかは明らかに思えるのですが、デッドロックのより厳格な定義を知ることで、より理解を深められます。デッドロックが発生するために存在しなければならない条件というのがいくつかあるということがわかりました。そして1971年にEdgar Coffmanがこれらの条件を**論文**（http://bit.ly/CoffmanDeadlocks）で列挙しました。これらの条件は現在*Coffman*条件として知られていて、デッドロックの検知、予防、訂正を助ける手法の基礎となっています。

[†7] 実際、ゴルーチンがどの順番に実行するか、また起動までにどれくらいの時間がかかるかには何の保証もありません。また片方のゴルーチンが、もう片方のゴルーチンの起動の前に両方のロックを取得してリリースしてしまい、結果としてデッドロックが避けられることもありえます！

Coffman条件は次のとおりです。

相互排他
　ある並行プロセスがリソースに対して排他的な権利をどの時点においても保持している。

条件待ち
　ある並行プロセスはリソースの保持と追加のリソース待ちを同時に行わなければならない。

横取り不可
　ある並行プロセスによって保持されているリソースは、そのプロセスによってのみ解放される。

循環待ち
　ある並行プロセス（P1）は、他の連なっている並行プロセス（P2）を待たなければならない。そしてP2はP1を待っている。

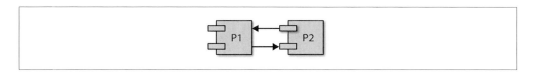

では先ほどのわざとらしいプログラムを調べて、4つの条件すべてを満たしているか調査してみましょう。

1. printSum関数はaとbの両方に対して排他的アクセス権が必要なので、この条件を満たしている。
2. printSumはaもしくはbのどちらかを保持していて、もう片方を待っているので、この条件を満たしている。
3. ゴルーチンを横取りする方法は提供されていない[†8]。
4. printSumの最初の呼び出しでは2番めの呼び出しを待っていて、逆もまた然り。

そうです、間違いなくデッドロックです。

これらの法則はデッドロックの予防にも役立ちます。これらの条件の少なくとも1つが真にならないようにすれば、デッドロックの発生を防げるのです。残念なことに、これらの条件を論証していくことは難しいですし、それゆえ予防するのは難しいことです。ウェブにはあなたや私のように、なぜ自分のコードがデッドロックになっているのか疑問であふれた開発者がたくさんいます。普通は誰かが指摘したら明らかなものなのですが、しばしば他人の目を借りなければなりません。なぜそうなのかを、**1.2.5 並行処理の安全性を見極める**で紹介します。

---

†8　訳注：ゴルーチンがランタイム内でどのように扱われるかは**6章 ゴルーチンとGoランタイム**で解説します。

ライブロック

ライブロックとは並行操作を行っているけれど、その操作はプログラムの状態をまったく進めていないプログラムを指します。

廊下で誰かとすれ違おうとしたことはありませんか。相手はあなたを行かせようと片側に避けるのですが、あなたも同じことをしてしまった。しょうがないのであなたが逆側に避けると、相手も同じことをしてしまう。これが永遠に続くという状態を想像すれば、ライブロックを理解できます。

実際にこのシナリオを説明できそうなコードを書いてみましょう。まず例を簡潔にするために、いくつかのヘルパー関数を用意します。実際に動く例にするために、このコードではまだ見ていないトピックをいくつか扱います。syncパッケージをしっかりと理解するまでは細かい内容を理解しようとしないほうが良いでしょう。かわりに、重要な部分を理解するためにコードの呼び出し方などを眺めて、それから後半のコードブロックをよく読むと良いでしょう。そこにこの例の肝心な部分が書いてあります。

```
cadence := sync.NewCond(&sync.Mutex{})
go func() {
    for range time.Tick(1*time.Millisecond) {
        cadence.Broadcast()
    }
}()

takeStep := func() {
    cadence.L.Lock()
    cadence.Wait()
    cadence.L.Unlock()
}

tryDir := func(dirName string, dir *int32, out *bytes.Buffer) bool { // ❶
    fmt.Fprintf(out, " %v", dirName)
    atomic.AddInt32(dir, 1) // ❷
    takeStep() // ❸
    if atomic.LoadInt32(dir) == 1 {
        fmt.Fprint(out, ". Success!")
        return true
    }
    takeStep()
    atomic.AddInt32(dir, -1) // ❹
    return false
}

var left, right int32
tryLeft := func(out *bytes.Buffer) bool { return tryDir("left", &left, out) }
tryRight := func(out *bytes.Buffer) bool { return tryDir("right", &right, out) }
```

❶ tryDirは、ある人がある方向に動いてみて、うまく動けたかを返します。各方向は、その方向dirに動こうとしている人数で表されます。

❷ 最初に、ある方向に動こうとしていることを、その方向に動く人数を1増やすことで宣言します。

atomicパッケージに関しては **3章 Goにおける並行処理の構成要素** で詳細を解説します。いまはこのパッケージの操作はアトミックであるということだけ理解しておいてください。

❸ ライブロックの例を示すために、各人間は同じスピード、同じ歩調で動かなければなりません。takeStepはすべての人間が同じ歩調で歩くのをシミュレートします。

❹ ここでこの人がこの方向に進めないと気づいて諦めます。ここではその方向に動く人数を1減らすことで対応します。

```
walk := func(walking *sync.WaitGroup, name string) {
    var out bytes.Buffer
    defer func() { fmt.Println(out.String()) }()
    defer walking.Done()
    fmt.Fprintf(&out, "%v is trying to scoot:", name)
    for i := 0; i < 5; i++ { // ❶
        if tryLeft(&out) || tryRight(&out) { // ❷
            return
        }
    }
    fmt.Fprintf(&out, "\n%v tosses her hands up in exasperation!", name)
}

var peopleInHallway sync.WaitGroup // ❸
peopleInHallway.Add(2)
go walk(&peopleInHallway, "Alice")
go walk(&peopleInHallway, "Barbara")
peopleInHallway.Wait()
```

❶ このプログラムが終わるように、試行回数に作為的な上限を儲けました。ライブロックがあるプログラムでは、そのような上限がなく、ないがゆえに問題になるのです！

❷ まず、ある人が左に行こうとします。もし失敗したら右に行こうとします。

❸ この変数はプログラムが両方の人間がお互いにすれ違えるようになる、あるいはすれ違うのを諦めるまで待つ方法を提供しています。

このプログラムから次のような出力を得ました。

```
Alice is trying to scoot: left right left right left right left right left right
Alice tosses her hands up in exasperation!
Barbara is trying to scoot: left right left right left right left right
left right
Barbara tosses her hands up in exasperation!
```

AliceとBarbaraが最終的に諦めるまでお互いに邪魔しあっているのがわかります。

この例では、ライブロックが書かれてしまうよくある理由を説明しています。2つ以上の並行プロセスが協調なしにデッドロックを予防しようとしているのです。廊下でお互いにどちらか一方だけが動けると決めれば、ライブロックは起こりません。一方が立ったまま、もう一方が異なる方向に避ければ、

二人は歩き続けられるのです。

　私の意見では、ライブロックはデッドロックよりも見つけるのが難しいです。その理由は単純で、プログラムが動いているように見えるからです。ライブロックしたプログラムがマシンで動いていて、CPU使用率を見て何かをしていると判断すると、あなたはプログラムが普通に動作していると思ってしまうでしょう。ライブロックの種類によっては、あなたに動作していると誤解させてしまうよう何かを出力している場合もあります。しかし実際はあなたのプログラムは依然として廊下のすれ違いゲームで永遠に遊んでいるのです。

　ライブロックはリソース枯渇と呼ばれるより大きな問題の一部です。それでは次はリソース枯渇について見てみましょう。

リソース枯渇

　リソース枯渇とは、並行プロセスが仕事をするのに必要なリソースを取得できない状況を指します。

　ライブロックの話をしたときに、各ゴルーチンで枯渇していたリソースは共有ロックでした。ライブロックの議論をリソース枯渇と区別したのには正当な理由がありました。なぜなら、ライブロックではすべての並行プロセスが等しくリソース枯渇していて、仕事がまったくなされないからです。より広い意味で言えば、リソース枯渇は通常、1つ以上の貪欲な並行プロセスが不公平に他のプロセスが可能な限り仕事を効率的に行おうとしているのを妨げている、もしくはまったくさせていないといった状況を暗に意味しています。

　ここで、貪欲なゴルーチンと行儀の良いゴルーチンがいるプログラムの例を見てみましょう。

```go
var wg sync.WaitGroup
var sharedLock sync.Mutex
const runtime = 1*time.Second

greedyWorker := func() {
    defer wg.Done()

    var count int
    for begin := time.Now(); time.Since(begin) <= runtime; {
        sharedLock.Lock()
        time.Sleep(3*time.Nanosecond)
        sharedLock.Unlock()
        count++
    }

    fmt.Printf("Greedy worker was able to execute %v work loops\n", count)
}

politeWorker := func() {
    defer wg.Done()

    var count int
    for begin := time.Now(); time.Since(begin) <= runtime; {
```

```
        sharedLock.Lock()
        time.Sleep(1*time.Nanosecond)
        sharedLock.Unlock()

        sharedLock.Lock()
        time.Sleep(1*time.Nanosecond)
        sharedLock.Unlock()

        sharedLock.Lock()
        time.Sleep(1*time.Nanosecond)
        sharedLock.Unlock()

        count++
    }

    fmt.Printf("Polite worker was able to execute %v work loops.\n", count)
}
wg.Add(2)
go greedyWorker()
go politeWorker()

wg.Wait()
```

このコードは次のような結果を出力します。

```
Polite worker was able to execute 289777 work loops.
Greedy worker was able to execute 471287 work loops
```

　貪欲なワーカーは、貪欲にワークループ全体で共有ロックを保持して、一方で行儀が良いワーカーは必要なときだけロックをしようとします。両方のワーカーともに、まったく同じ量の仕事をしています（仕事をシミュレーションして3ナノ秒スリープしています）。しかし見てわかるとおり、同じ時間でも貪欲なワーカーは約2倍の量の仕事をこなしています！

　両方のワーカーともに同じ大きさのクリティカルセクションがあるとして、貪欲なワーカーのアルゴリズムがより効率的（あるいはLockやUnlockが遅い——実際は違いますが）であるという判断はしません。そうではなく、ここでは貪欲なワーカーが不必要にクリティカルセクションを超えて共有ロックを広げていて、それによって（リソース枯渇が発生し）行儀の良いワーカーのゴルーチンが効率的に仕事をできていない、という判断をします。

　ここでリソース枯渇を見つける技術に注意してください。それは計測です。リソース枯渇は計測値のサンプリングとその記録について議論する良い題材です。リソース枯渇を検知して解決する良い方法の1つは、仕事が終わったらログを出力して、仕事の速度が期待通りになっているかを測定することです。

> ## バランスを見つける
>
> 　先のコード例は、メモリアクセス同期のパフォーマンスが予期しない結果になっている例でもあることにも触れておいたほうが良いでしょう。メモリに対するアクセスの同期はコストが高いので、ロックを取ることがクリティカルセクションを超えてしまう方向に働くでしょう。また他方で——これまで見てきたように——こうすることで、他の並行プロセスがリソース枯渇になる危険があります。
>
> 　メモリアクセス同期を使うのであれば、パフォーマンスのために粗く同期を取るか、あるいは並行プロセス間の公平性のために細かく同期を取るか、その間にある良いバランスを見つけなければならないでしょう。アプリケーションをチューニングする段階になったら、はじめに、メモリアクセス同期をクリティカルセクションだけに留めておくことを強くおすすめします。同期がパフォーマンスの悪影響を及ぼすのであれば、いつでもスコープを広げてみると良いでしょう。スコープを狭めていくことは、広げるよりことよりもずっと難しいものです。

　というわけで、リソース枯渇はあなたのプログラムが非効率的、あるいは不適切に振る舞ってしまう原因となります。先の例では非効率になるところをお見せしましたが、ある並行プロセスが貪欲すぎて完全に他の並行プロセスの仕事を邪魔するようであれば、より大きな問題を抱えることになります。

　また、リソース枯渇がGoのプロセスの外からやってくる場合も考慮する必要があります。リソース枯渇はCPU、メモリ、ファイルハンドラー、データベース接続といったものにも適用されることを心に留めておいてください。共有されなければならないあらゆるリソースは、リソース枯渇の候補になります。

1.2.5　並行処理の安全性を見極める

　ついに、並行処理のコードを書く上で最も難しい部分、すなわちすべての問題の根底にあるものについて考える時間がやってきました。そうです、人間です。すべてのコードの裏では最低一人の人間が関わっています。

　これまで理解してきたように、並行処理のコードは無数の理由で難しいものです。あなたが開発者で、プログラムに新機能を導入したりプログラムのバグを直すたびに激しい議論をしようとしているのであれば、やるべきことを決めるのは本当に難しくなるでしょう。

　あなたがまっさらな状態からはじめて、問題空間（問題を解決するにあたり考察しなければいけない範囲）を賢く設計する必要があり、またそこで並行処理が関係しているのであれば、抽象化を適切な水準でおこなうのは難しいことでしょう。呼び出し元にどの程度まで並行処理を晒していいのでしょうか。簡単に利用できると同時に修正も容易な解決策を作るには、どういう技術を使えばよいのでしょう

か。その問題に対する適切な水準の並行処理とはなんでしょう。こうした問題を構造的に考える方法はありますが、それは技能であるということにして、とりあえず先に進みましょう。

既存のコードと向き合っている開発者にとって、どのコードが並行処理を行っているか、そしてコードを安全に扱う方法は常に明らかというわけではありません。関数シグネチャを見てみましょう。

```
// CalculatePi は円周率のbegin桁めからend桁めの数字を計算します。
func CalculatePi(begin, end int64, pi *Pi)
```

高精度の円周率πの計算は並行処理が最もうまく使われているものの1つですが、上の例では多くの疑問が湧いてきます。

- この関数を使ってどうやってπ計算ができるのか。
- この関数を複数並行起動するところも自分でやらなければいけないのか。
- この関数は、自分でアドレスを渡しているPiのインスタンスを直接操作しているように見える。このPiのメモリアクセスの同期は自分でおこなう必要があるのか、それともPi型が管理してくれるのか。

1つの関数でこれらすべての疑問が湧いてくるのです。みなさんが書く普通の規模のプログラムを想像すれば、並行処理がもたらしうる複雑さがわかってくると思います。

ここではコメントをすることでうまく疑問を解消できます。CalculatePi関数に次のようなコメントが付いていたらどうでしょうか。

```
// CalculatePi は円周率のbegin桁めからend桁めまでの数字を計算します。
//
// 内部的には、CalculatePi は FLOOR((end-begin)/2) 個の並行プロセスを立ち上げて
// 再帰的にCalculatePiを呼び出します。piへの書き込みの同期はPi構造体の内部で処理されます。
func CalculatePi(begin, end int64, pi *Pi)
```

コメントを読むとこの関数を呼び出すときは普通に呼び出せばよく、並行処理や同期処理に関しては何も気にしなくて良いとわかります。重要なのは、コメントがこれらの点に触れているところです。

- 誰が並行処理を担っているか。
- 問題空間がどのように並行処理のプリミティブに対応しているか。
- 誰が同期処理を担っているか。

並行処理が関わる問題空間で関数、メソッド、変数を公開する場合は、同僚や将来の自分を助けてあげましょう。くどいほどコメントを書いて失敗するくらいのつもりで、これら3つの点にきちんと触れるようにしましょう。

またこの関数に残る曖昧さは、設計を間違えていた影響によるものかもしれません。関数プログラミングでのやり方のように、関数では副作用がないようにすべきだったかもしれません。

```
func CalculatePi(begin, end int64) []uint
```

この関数のシグネチャによって同期に関する疑問は解消します。しかし、依然として並行処理があるかどうかは疑問が残ります。再度シグネチャを修正して、何が起きているかを知らせる他のシグナルを投げるようにしましょう。

```
func CalculatePi(begin, end int64) <-chan uint
```

ここで、初めて**チャネル**（channel）と呼ばれるものが使われているのを目にしましたね。さまざまな理由から、チャネルについては**3.3 チャネル**の節で説明しますが、ここではCalulatePiは少なくとも1つのゴルーチンを持っていて、私たちで他のゴルーチンを作って手を煩わせるべきでないとわかります。

こうした修正は考慮に入れるべき思わぬ影響をパフォーマンスに与える可能性がありますし、そういう場合はパフォーマンスとコードの明瞭さのバランスの問題に立ち戻ります。将来このコードに関わる人々が正しく扱えるように、できる限りコードを明瞭にしておくことは重要です。そしてパフォーマンスが重要であることは自明です。この2つは相反するものではありませんが、両立させるのは難しいものです。

こうしたコミュニケーションにおける困難を考慮して、今度はチーム規模のプロジェクトに広げて同じことを考えてみましょう。

考えただけで、おおごとだとわかりますね。

良い知らせとしては、Goではこういった問題をより簡単に解決するように進化してきています。言語自体が可読性と簡潔性を好んでいます。言語自体が推奨する並行処理のコードの実装方法が、そのまま正しさと構成可能性とスケーラビリティに繋がっています。事実、Goの並行処理のやり方が問題領域をより明確に表現することに役立っています！なぜそうなるのか、その理由を見てみましょう。

1.3 複雑さを前にした簡潔さ

これまで、私は非常に厳しいことばかりを書いてきました。並行処理は計算機科学の中でも難しい領域ですが、難しことばかりではなく気持ちが盛り上がることも書いておきましょう。これらの問題は手に負えないというわけではありません。そしてGoの並行処理のプリミティブを使えば、より安全かつ簡潔に並行処理のアルゴリズムを記述できます。ここまで議論してきたランタイムとコミュニケーションの難しさは決してGoで解決されたということではありませんが、目に見えて扱いやすくなりました。次の章では、そのような進歩がもたらされた理由を探ります。この節では、少し時間を使ってGoの並行処理のプリミティブが本当に問題領域を記述するのを容易にして、アルゴリズムの記述を簡潔にしたのかを確認してみましょう。

Goのランタイムは並行処理の最も面倒な部分を良きに計らってくれますし、Goの並行処理で慎重に

扱うべき部分の基礎の大部分を提供してくれています。それらすべてがどのように動作するかについては**6章 ゴルーチンとGoランタイム**でお話するとして、ここではこれらの機能があなたの人生をどのように楽にしてくれるかをお話しましょう。

まずGoの並行でレイテンシが低いガベージコレクターについて話しましょう。プログラミング言語においてガベージコレクターが良いものかどうかは開発者の間でたびたび議論になります。ガベージコレクターに否定的な人は、それがリアルタイムのパフォーマンスや決定的なパフォーマンスの性質を必要とするような問題領域で処理を妨げる原因になると主張します——ガベージコレクターがプログラムのすべての活動を停止させて不必要になったオブジェクトを消すというのが受け入れられないというのです。ガベージコレクターがないことにはメリットもある一方で、Goのガベージコレクターに施された優れた実装のおかげで、Goのガベージコレクションの動作の細部を心配する必要がある人の数は劇的に減りました。Go 1.8では、ガベージコレクションでの停止時間は一般的には10〜100マイクロ秒です！

ガベージコレクションの停止時間が短いことが、どう役に立つのでしょうか。計算機科学においてメモリ管理はまた別の難しい問題で、これが並行処理と組み合わさると正しいコードを書くのは極端に難しくなります。もしあなたが大多数の開発者のように10マイクロ秒の停止時間を気にする必要がないのであれば、Goは並列プロセスに渡ってのメモリ管理はもちろん、一切のメモリ管理を強制することなく、並行処理をずっと簡単に使えるようにしてくれています。

またGoのランタイムは自動的に並行処理の操作をOSスレッドにマルチプレキシングしてくれます。これが一体何を意味しているかについては**3.1 ゴルーチン**の節で説明します。この機能がどう役に立つかを理解する上では、このおかげで並列処理の問題を直接的に並行処理の構造に置き換えれば良くなるということだけ知っておいてください。スレッドの起動や管理の細かな部分や、ロジックが使用可能なスレッド全体で等しく分散されるように対応させるなどといった処理から解放されるのです。

たとえば、あなたがウェブサーバーを書いているとして、すべての接続を並行に処理されるよう受け入れたいと思っているとします。言語によっては、ウェブサーバーが接続を受け入れる前に、広くスレッドプールと呼ばれるスレッドのコレクションを作って、やってくる接続をスレッドに紐付けます。それから、作ったスレッドそれぞれにおいて、スレッド上の各接続が等しくCPU時間を享受できるようにコレクションをループしていきます。加えて、コネクションハンドリングが他の接続と共有できるように、そのロジックを停止できるように書かなければなりません。

まったく面倒ですね！対照的に、Goでは関数を書いて、goというキーワードを前につけて呼び出します。ランタイムは今話したその他すべてのことを自動的に行ってくれます！プログラムの設計を見直すときに、どちらの言語モデルのほうが並行処理を楽に扱えそうに思えますか。どちらのモデルのほうが正しいように思えますか。

またGoの並列処理のプリミティブでは、より大きな問題を構成することをより簡単にしてくれています。**3.3 チャネル**の節で説明しますが、Goのチャネルプリミティブは、並行プロセス同士でやり取り

をするときに構成可能で並行安全な方法を提供しています。

　これまで物事がどう動くかもっともらしいことを言ってきましたが、私はGoがみなさんの問題を明瞭にかつ能率的に解決するために、いかにプログラム内で並行処理を使うように導いてくれているかを伝えたかったのです。次の章では並行処理の哲学について触れ、そしてGoがなぜそれにおいて正しいかを説明します。もしコードに早く触れたければ、**3章 Goにおける並行処理の構成要素**まで飛ばしてください。

2章
並行性をどうモデル化するか：CSPとは何か

2.1 並行性と並列性の違い

並行性と並列性は異なるという事実は、しばしば見落とされたり誤解されています。開発者との会話で、この2つの用語はしばしば「何かが動作してるときに同時に別の何かが動作している」という意味で区別されずに使われています。「並列」という言葉をこの文脈で使うのは正しいのですが、通常開発者がコードについて話している場合、本当は「並行」という言葉を使っているはずです。

この違いを区別する理由は、計算機科学に詳しそうに振る舞うこと以上に意味があります。並行性と並列性の違いはコードの設計をする際に非常に強力な抽象化になることがわかり、そしてGoはこの違いを最大限に活かしています。これら2つの概念はどのように異なるのか、この抽象化の力を理解するために早速見てみましょう。まずとても単純な一文から考えてみます。

> 並行性はコードの性質を指し、並列性は動作しているプログラムの性質を指します。

これはちょっとおもしろい区別ですね。私たちはいつもこれら2つの事柄をこの一文と同様に考えているでしょうか。私たちはコードが並列に動作するように書いていますよね。

このことについてちょっと考えてみましょう。ある2つの領域が並列に動作するようにコードを書いたときに、プログラムが実行されてそれが実際に起こるという保証はあるでしょうか。もしマシンのCPUが1コアだったら何が起きるでしょうか。並列に動作すると思う人もいるかもしれませんが、それは真ではありません。

プログラム内のその2つの領域は並列に動作しているように見えますが、実際は見た目にはわからないほど素早く逐次実行をしています。CPUのコンテキストは異なるプログラムの間で時間を共有するために切り替わり、十分に大まかな時間感覚では、複数のタスクが並列に実行しているように見えるのです。同じプログラムのバイナリを2コアのマシンで実行すると、先のプログラムの2つの領域は実際に並列に動作しています。

これは3つの興味深く重要なことを明らかにしています。1つめは私たちが並列なコードを書いてい

るのではなく、並列に走ってほしいと思う並行なコードを書いているだけであること。繰り返しになりますが、並列性はプログラムのランタイムの性質であって、コードの性質ではありません。

2つめは、自分の書いた並行なコードが実際に並列に走っているかどうかを知らないですむ——さらに言えばそうあってほしい——ということです。これは私たちのプログラムの設計の下にある抽象化層によってのみ可能なことです。たとえば言語自体の並行処理のプリミティブ、プログラムのランタイム、オペレーティングシステム、オペレーティングシステムが動作しているプラットフォーム（ハイパーバイザー、コンテナ、仮想マシンなどが該当）、さらに究極的にはCPUなどが当てはまります。これらの抽象化によって、並行性と並列性を区別できるようになっていて、ひいては表現力に柔軟性を与えてくれています。この話に関してはまた後ほど触れます。

そして最後の3つめは、並列性は時間やコンテキストの機能であるということです。**1.2.2 アトミック性**を思い出してください。コンテキストの概念について話しましたね。そこでコンテキストはある操作がアトミックであると考えられる境界だと定義しました。ここではコンテキストは2つ以上の操作が並行に動作していると考えられる境界と定義します。

たとえば、もしコンテキストが5秒間に1秒かかる2つの操作を実行するのであれば、これらの操作が並列して実行されたものと考えることになるはずでしょう。もしコンテキストが1秒間だったら、操作を逐次的に実行するでしょう。

細切れになった時間という観点でコンテキストの理解を再び試みるのは、それほど良いことではないかもしれません。むしろ、コンテキストは時間に限定されないということを思い出してください。コンテキストはプログラムが稼働するプロセス、そのOSスレッド、あるいはマシンとも定義できます。このことは重要です。なぜなら、あなたが定義するコンテキストは並行性と正当性の概念に深く関係しているからです。あなたが定義するコンテキストに依存してアトミックな操作がアトミックであると考えられるように、並行な操作もあなたが定義するコンテキストに依存することではじめて正しいものとなります。すべて相対的なものなのです。

これは少し抽象的なので、例を見てみましょう。たとえば、コンテキストがコンピューターだったとします。理論物理学はとりあえず無視して、私のマシンで実行されているプロセスはあなたのマシンで動いているプロセスのロジックには影響を与えないと考えるのは妥当です。両方のプロセスが計算機の処理を始めて、簡単な計算を実行した場合、私の計算結果はあなたの計算結果には影響を与えないはずです。

これは馬鹿げた例ですが、噛み砕いていくとコンテキストに関するすべての部品を見ることができます。私たちのマシンはコンテキストで、各プロセスは並行な操作です。先の例では、並行処理の操作を複数のマシン、オペレーティングシステム、プロセスといった観点で世界を捉えることで、並行操作を構成することにしました。これらの抽象化によって正しい状態にできています。

> ## これは本当に馬鹿げた例なのか
>
> 　複数のマシンを使うというのはわざとらしい例に聞こえますが、パソコンは昔からどこにでも存在していたわけではありません！1970年台後半まではメインフレームが標準で、その当時の開発者が並行処理で想定するコンテキストというのはプログラムのプロセスでした。
> 　いまや多くの開発者は分散システム上で仕事をしているので、違った方向に逆戻りしているといえますね！並行処理のコンテキストではハイパーバイザー、コンテナ、仮想マシンといった環境を想定し始めています。

　あるマシン上のプロセスは他のマシン上のプロセスに影響されないと想定して良さそうです（ここでは同じ分散システム上にいないと仮定しています）。しかし、同じマシン上の2つのプロセスの場合はお互いのロジックに影響しないと想定して良いのでしょうか。プロセスAがプロセスBが読み込んでいるファイルのいくつかを上書きしてしまうかもしれませんし、またセキュリティの十分考慮されていないOS上では、さらにプロセスAはプロセスBが読み込んでいるメモリを改変してしまうことがあるかもしれません。こうしたことを意図的に行うことこそが、多くのエクスプロイトが動く原理でもあります。

　プロセスのレベルでは、依然として物事は比較的考えやすい状態です。先ほどの計算機の例に戻ると、2人のユーザーが2つの計算機プロセスを同じマシンで走らせているときに、彼らの操作はお互いに論理的に独立していると期待していると予想できるでしょう。幸いなことにプロセスの境界とオペレーティングシステムによって、これらの問題は順序立てて考えることができます。しかし開発者が並行処理に関することとなると頭を悩ませはじめるのを見かけますし、その状況はただ悪化していくばかりです。

　もう一段階踏み込んで、オペレーティングシステムのスレッドの境界で考えたらどうなるでしょうか。それこそが **1.2 なぜ並行処理が難しいのか** の節で挙げられたすべての問題が取り組まなければならない厄介なものです。具体的には、競合状態、デッドロック、ライブロック、リソース枯渇といった問題です。あるマシン上のすべてのユーザーが見ることができる計算機プロセスが1つあった場合には、並行処理を正しく動作させることはより難しくなるでしょう。メモリに対する同期的アクセスや正しいユーザーに正しい結果を返すような処理について考えなければなりません。

　抽象化のスタックを下にいくにつれて、物事を並行に構成する上での問題は、論理的に考えることがより難しく、かつより重要になってきます。逆に、抽象化がどんどん重要になってきています。別の言い方をすれば、並行処理をただしく動作させることが難しくなるにつれ、構成しやすい並行処理のプリミティブがあることが重要になってきます。残念なことに、私たちの業界ではたいていの並行処理のロジックが最も抽象度が高いもので書かれています。そうです、オペレーティングシステムのスレッドです。

Goが公開される以前、たいていの有名なプログラミング言語ではオペレーティングシステムのスレッドが何層にも連鎖する抽象化の最終地点でした。並行処理のコードを書きたければ、プログラムをスレッドに合わせて書いて、スレッド間でメモリへのアクセスを同期するという書き方をしていました。並行的に設計しなければならない箇所がたくさんあって、あなたのマシンでさばききれない数のスレッドがあった場合には、スレッドプールを作って、スレッドプールに対して操作をマルチプレキシングしていました。

Goではこの（抽象化の）連鎖の中に新たなリンクを追加しました。それがゴルーチン（*goroutine*）です。加えて、Goでは有名な計算機科学者のTony Hoareの成果からいくつかの概念を拝借しています。そして、新しいプリミティブを導入しました。それがチャネル（*channel*）です。

これまで辿ってきた論理の道筋をそのまま辿れば、OSスレッドの下にさらに抽象化の層を導入するのはさらなる困難をもたらすように思えますが、面白いことに実際は違うのです。実際は、物事をより簡単にしてくれます。その理由は、抽象化の層をOSスレッドの上に追加しなかったことによります。OSスレッドを置き換えるものにしたのです。

もちろん、スレッドは存在するのですが、問題空間を考えるときにはOSスレッドについて考える必要はほとんどないということに気づいたのです。かわりに、ゴルーチンとチャネル、ときに共有メモリを使って設計します。これによって面白い性質が見つかりました。その詳細は**2.3 これがどう役に立つのか**の節で紹介します。しかし、まずGoがその考え方を得た場所についてよく見てみましょう——その考え方はGoの並行処理のプリミティブの根本を成すものです。それがTony Hoareの独創性に富んだ論文である「Communicating Sequential Processes」です。

2.2 CSPとは何か

Goについて話されているとき、人々が*CSP*という略語について話しているのを耳にするかもしれません。そしてしばしばCSPはGoの成功の理由として、あるいは並行プログラミングの万能薬として賞賛されています。CSPを知らない人からすれば、並行プログラムを手続き型プログラムと同じくらい簡潔にする何か魔法のような新しい技術が計算機科学界で発見されたのか、と勘違いしてしまうのに十分なほどです。CSPは物事を簡単にする一方で、プログラムをより堅牢にしてくれます。そしてこれは残念ながら不思議なことでも何でもありません。では一体何なのでしょうか。なぜ皆がこれほど熱をあげているのでしょうか。

CSPは「Communicating Sequential Processes」の略で、手法とそれを紹介した論文のタイトルの両方を指します。1978年にCharles Antony Richard HoareがAssociation for Computing Machinery（通称ACM）で**論文**（http://bit.ly/HoareCSP）を発表しました。

この論文で、Hoareは入力と出力がプログラミング、特に並行なコードにおいてのプリミティブとして見落とされている2つの要素だと提案しています。Hoareがこの論文を執筆した時期は、依然と

してプログラムの構造化手法についての研究が盛んでしたが、たいていは手続き型のコードに対しての手法に目が向けられていました。たとえばgoto文の使い方などが議論されたり、またオブジェクト指向パラダイムが根付きはじめたり。並行処理に関しては、あまり関心が寄せられていませんでした。Hoareはこの状況を正すべくこの論文を発表しました[†1]。こうしてCSPが生まれたのです。

1978年の論文では、CSPは逐次処理同士のやり取りが持つ可能性を示すためだけの簡単なプログラミング言語にすぎませんでした。事実、Hoareは論文でこう述べています。

> これによって、この論文で導入された概念や記法はプログラミング言語としての利用や、抽象的なプログラミングあるいは具象的なプログラミングに適していると認識されるべきではありません。

Hoareは自分が紹介している手法がプログラムの正確さに何も寄与せず、また手法自体も実際の言語ではパフォーマンスが良くないのではないかと深く心配しました。その後6年間、CSPの考え方を咀嚼し、実際にプログラムの正当性について論証していく中でCSPの考え方は洗練され、プロセス計算と呼ばれる改まった表現になりました。プロセス計算は数学的に並行システムを構築し、またそのようなシステム上で効率性や正当性といったさまざま性質を分析に使う変換をするための代数法則も提供しています。プロセス計算はそれ自体が面白い話題ではありますが、深く掘り下げてしまうと本書の内容を超えてしまいます。また、もとのCSPの論文とそこから発展したプログラミング言語がGoの並行処理モデルに大きな影響を与えているので、本書ではGoの並行処理モデルに集中します[†2]。

入力と出力は言語のプリミティブと考える必要があるという彼の主張を支えるものとして、HoareのCSPプログラミング言語では正確なプロセス間の入出力、別の言い方では通信を構成するプリミティブが含まれていました（これこそが論文タイトルの由来です）。Hoareはプロセスという用語を、必要な入力を処理し、他のプロセスが消費する出力をもたらすロジックの塊をカプセル化するものと定義しました。Hoareが論文を執筆したころ、コミュニティ内での構造化プログラミングに関する議論で「関数」という用語が使われていなければ、彼はおそらく「関数」という用語を使うこともできたでしょう。

プロセス間の通信のために、Hoareは入出力用のコマンドを作りました。具体的には！を入力の送信用に、？をプロセスからの出力の読み込み用のコマンドとしました。各コマンドは出力変数を指定する（プロセスの外から変数を読み込む場合）か、送信先を指定する（プロセスに入力を送信する場合）ことが必須でした。時折、これら2つのコマンドは同じものを参照することがありますが、その場合2つのプロセスは対応していると言えます。別の言い方をすれば、あるプロセスからの出力は直接別のプロセ

[†1] 訳注：「状況を正すべく」という意図は元の論文からは汲み取れません。
[†2] 訳注：本書ではHoareのCSPがプロセス計算の始祖であるように記述がありますが、実際にはMLの開発を行ったRobin MilnerがCalculus of Communicating Systems (CCS) をHoareとは独立して1973年ごろより研究していました。こちらも今日のプロセス計算に大きな影響を与えています（参照：A brief history of process algebra, Baeten J.C.M., (2005) Theoretical Computer Science, 335 (2-3), pp. 131-146.）。

スの入力として流入するということです。次の**表2-1**にHoareの論文からの例をいくつか抜粋しています。

表2-1: Hoareの論文より例を抜粋

操作	説明
cardreader?cardimage	cardreaderからカードを読み込んで、その値（文字の配列）を変数cardimageに割り当てる。
lineprinter!lineimage	lineprinterに対して、そこで表示するためにlineimageの値を送る。
X?(x, y)	Xという名前のプロセスから、1ペアの値を取得しxとyに割り当てる。
DIV!(3*a+b, 13)	DIVという名前のプロセスに、指定した2つの値を出力する。
*[c:character; west?c → east!c]	westから出力されたすべての文字を読み込み、1つずつeastに出力する。プロセスwestが終了したら繰り返しも終了する。

　Goのチャネルとの類似性は明らかです。最後の例でwestからの出力が変数cに送られ、eastへの入力が同じ変数から受け取られていることに注目してください。これら2つのプロセスが対応しています。HoareのCSPに関する最初の論文では、プロセスは名前がついた送信元と送信先でしか通信できませんでした。Hoareは、こうしてしまうと消費者（Consumer）側のコードで入力と出力の名前を知らなければいけないので、コードをライブラリとして埋め込むことができないという問題がもたらされることは認識していました。彼はよく「ポート名」と呼んでいたものを登録できる可能性について話していました。これは並列な命令の先頭で宣言される名前のことを意味していて、私たちがおそらく名前付き引数や名前付き戻り値として認識しているものでしょう。

　またCSP言語ではいわゆるガード付きコマンド[†3]も使っていました。これはEdgar Dijkstraが1974年の論文、「Guarded commands, nondeterminacy and formal derivation of programs（ガード付きコマンド、非決定性とプログラムの形式的導出、http://bit.ly/DijkstraGuarded）」で発表したものです。ガード付きコマンドというのは単純に左辺と右辺があり、→で区切られている文のことです。左辺は右辺の条件節、あるいはガードとして機能します。ここで左辺が偽、もしくはコマンドで戻り値が偽だったり終了した場合、右辺は決して実行されません。これらの機能をHoareの通信プロセスの基礎にある入出力のコマンドと組み合わせると、Goのチャネルになります。

　Hoareはこれらのプリミティブを使い、通信を構成するための機能を第一級に備えている言語が、いかに簡潔かつ容易に理解しやすい形で問題を解決するかをいくつかの例とともに示しました。彼が使う記法は素っ気ないものかもしれませんが（Perlプログラマは同意しないでしょう！）、彼が提示する問題には驚くほど明確な解法があります。同様の解法をGoで記述した場合には少し長くなりますが、この簡潔さを持っています。

　歴史はHoareの提案が正しいと判断しました。しかしながら、Goが公開されるまで、これらのプリミティブを言語自体でサポートしていたプログラミング言語がほとんどなかったというのは特筆すべき

[†3] 訳注:https://ja.wikipedia.org/wiki/Guarded_Command_Language

ことでしょう。たいていの言語はCSPのメッセージパッシング形式よりもメモリを共有し同期する方を好んでいます。例外はありますが、残念なことに言語内で広く適用されているわけではないものに限られています。GoはCSPの原理を言語の中核として具現化し、この形式の並行プログラミングを大衆にもたらした最初の言語の1つです。Goの成功によって他の言語にもこれらの原理を追加しようという試みがもたらされました。

メモリアクセス同期は本質的には悪いものではありません。**2.4 Goの並行処理における哲学**の節で、Goであってもある状況においてメモリを共有することはときには適切であるということを紹介します。しかしながら、共有メモリのモデルは正しく使うことが難しくなりえます——特に大きくて複雑なプログラムにおいてはそうです。これが並行処理はGoの強みの1つだと考えられる理由です。GoでははじめからCSPの原理を導入していて、それゆえに読み書きしやすく、また理解しやすくなっているのです。

2.3　これがどう役に立つのか

これまで紹介してきた機能を、あなたは魅力的であると思うかもしれないですし思わないかもしれないですが、本書を読んでいるということはおそらく解決すべき問題があり、そしてこれまで紹介してきた機能が重要である理由を考えていることでしょう。並行処理をする際にGoの一体何が他の人気の言語と比較して際立っているのでしょうか。

2.1　並行性と並列性の違いの節でお話したように、並行処理の問題を解決するものを設計する際には、言語の一連の抽象化がOSスレッドとメモリアクセス同期の水準に留まってしまうのが一般的です。Goでは異なる手法を採用し、かわりにゴルーチンとチャネルという概念を用意しました。

並行プログラムの抽象化における従来の手法とGoでの手法の2つを比較するのであれば、おそらくゴルーチンとスレッドを、チャネルとミューテックスを比較することになるでしょう（これらのプリミティブは偶然似ているだけですが、おそらくこの比較でやりたいことの方向性がわかるでしょう）。これらの異なる抽象化は私たちに何をもたらしてくれるのでしょうか。

ゴルーチンは問題空間を並列性の観点で考えなければならない状況から解放し、かわりにそのような問題を自然な並行性の問題として構築できるようにしてくれます。すでに並行性と並列性の違いについては解説しましたが、この違いが問題の解法にどう影響するかはまだはっきりとしていないでしょう。まずは例をみてみましょう。

たとえばエンドポイントに対するリクエストをうまくさばくウェブサーバーを作る必要があるとします。フレームワークのことはとりあえず置いておいて、スレッドでの抽象化のみを提供する言語では、私はおそらく次のような疑問を反芻するでしょう。

- 今使っている言語はスレッドをサポートしているか、あるいはライブラリを使わなければいけない

のか。
- スレッド拘束の境界はどこか。
- このオペレーティングシステムでのスレッド操作はどれくらい重いか。
- プログラムが実行されうるオペレーティングシステムによってスレッドがどのように異なった扱われ方をするか。
- スレッドを作って保存しておくためのワーカープールを作るべきだろう。その場合、最適なスレッド数はいくつなのか。

これらはすべて重要な考察点です。しかし、どれ1つとして直接的には問題の解決に関与していません。これらの疑問を考え始めると、すぐに並列処理の問題の解き方に関する専門事項の海に引きずり込まれてしまいます。

一歩引いて先の例での問題を自然に考えてみると、次のような問題であると言えるでしょう。個々のユーザーがエンドポイントにアクセスして、セッションを開きます。セッションはリクエストをさばいてレスポンスを返します。Goでは、この問題の自然な流れをほぼ直接的にコードで表現できます。具体的に書くと、各接続に対してゴルーチンを作成し、各ゴルーチンでリクエストをさばいて（他のゴルーチンやデータ／サービスとやり取りすることもあるでしょう）、そしてゴルーチンの関数からレスポンスを返します。問題について自然に考えた結果が、そのまま自然にGoのコードに対応していますね。

これはGoが私たちにした約束のおかげで保証されているものです。ゴルーチンは軽量で、通常ゴルーチンの作成にかかるコストを気にする必要はありません。システム内で稼働させるゴルーチンの数を考慮することはありますが、前もってそれをおこなうのはいささか早すぎる最適化に思えます。事前にそういったことを考えなければならなかったスレッドと比較すると違いが際立ちます。

ある言語に、並列処理に関する懸念を抽象化により見えないようにしてくれるフレームワークがあるというだけで、この、並行処理を自然に書ける性質がどうでも良くなるわけではありません！誰かがそのフレームワークを書かなければなりませんし、あなたのコードはそのフレームワーク作者が取り組む複雑さの上に成り立っているのです。複雑さが見えないところに隠されているからといって、存在しないというわけではありません。そして複雑さはバグの温床です。Goの場合は、言語自身が並行処理を前提として設計されているので、言語が提供する並行処理のプリミティブと噛み合っています。したがって、コードに無理がなく、バグも少なくなります。

より自然にコードを問題空間に対応させられるということは非常に大きな利点です。それだけでなく、同時にいくつかの良い副作用もあります。Goのランタイムはゴルーチンを OS スレッドへ自動的にマルチプレキシングし、そのスケジューリングもしてくれるのです。つまり私たちが問題に対する設計を変更することなしに、（Goの開発者は）ランタイムを最適化できるのです。これは懸念事項を切り分ける古典的な方法です。並列処理での進化が進むにつれ、Goのランタイムは改善し、あなたのプログラムの性能は何もしないでも向上します。Goのリリースノートを注意して読んでみると、次のようなコメン

トを見かけることがあるでしょう。

Go 1.5では、ゴルーチンがスケジュールされる順序が変更されました。

Go本体の開発者はあなたのプログラムを早くするために舞台裏で改善を続けています。

並行処理と並列処理を分離することには他の利点もあります。Goのランタイムはゴルーチンのスケジューリングを管理しているので、たとえばゴルーチンがIO待ちをしているといったことをランタイムが認識して、IO待ちをしていないOSスレッドをそのゴルーチンに再割当てします。これによってコードの性能も向上します。Goのランタイムが何をしているかについては**6章 ゴルーチンとGoランタイム**で解説します。

問題空間とGoのコードを自然に対応できることのその他の利点は、問題空間が並行処理で記述されることが増えることです。私たち開発者が取り組む問題はたいていの場合自然と並行処理になってしまうので、Goで書いた場合には他の言語にくらべてより適した粒度で自然に並行処理のコードを書くことになるでしょう。たとえば、先ほどのウェブサーバーの例で言えば、スレッドプールにコネクションをマルチプレキシングするかわりに、Goではゴルーチンですべてのユーザーのコネクションを扱います。この適切な粒度での実装によって、プログラムが実行しているマシンでの並列処理の限界まで達してしまった場合に、動的にスケールすることが可能になっています——アムダールの法則の実践です！これは割とすごいことです。

そしてゴルーチンはパズルの1ピースに過ぎません。CSPの他の概念であるチャネルやselect文にも価値があります。

たとえばチャネルは本質的には他のチャネルと**構成可能**です[†4]。これによって複数のサブシステムの出力を簡単にまとめることで入力を連携させられるので、大きなシステムをより簡潔に記述できます。入力チャネルとタイムアウトやキャンセルあるいは他のサブシステムへのメッセージと結びつけられます。ミューテックスを連動させることはよりずっと難しい課題です。

select文はGoのチャネルを補完するもので、チャネルを組み合わせる際に難しい部分をすべて実現してくれます。select文によってイベントを効率的に待ったり、任意のタイミングで来る競合するチャネルからのメッセージを選択したり、待つべきメッセージが無い場合にはプログラムを継続したり、といったことが可能になります。

このCSPに触発されたプリミティブ同士の素晴らしい連携と、それをサポートするランタイムがGoを支えています。本書ではこれ以降、これらがどのように、なぜ、動作するか、そして素晴らしいコードを書くためにそういった機能をどう使うかを明らかにしていきます。

[†4] 訳注: "composable" は技術用語としてたびたび使用されますが、定訳がないため「構成可能」としました。ここでは、コードをうまく部品としてカプセル化しやすいような言語のモジュール機能や型システムなどを評価する言葉として使用しています。

2.4 Goの並行処理における哲学

　CSPはかつて、そして今でもGoの設計の大部分に影響を与えています。しかしながら、Goは他にも伝統的なメモリアクセス同期とそれに応じたプリミティブを通じた並行処理のコードを書けるようにしています。syncの中の構造体とメソッド、また他のパッケージはロックの実行、リソースプールの作成、ゴルーチンの割り込みなどを可能にします。

　問題解決をする並行処理の書き方をより踏み込んで管理できるので、CSPのプリミティブとメモリアクセス同期を選択できるのは素晴らしいことです。しかしまた同時に、多少の混乱を招くことにもなりえます。Goを初めて使う人は、しばしばCSP形式の並行処理がGoでの唯一の書き方だという印象を受けがちです。たとえば、syncパッケージのドキュメントには次のようにあります。

> syncパッケージでは排他制御といった基本的な同期のためのプリミティブを提供します。Once型とWaitGroup型以外は、低水準ライブラリ内で利用されることを想定しています。高水準の同期はチャネルや通信によって行われたほうが良いでしょう。

言語に関するFAQ（https://golang.org/doc/faq）には次のようにあります。

> ミューテックスに関して言えば、syncパッケージがそれを実装していますが、Goのプログラミングスタイルでは、高水準の技術を使うことを推奨しています。特に、プログラムを書く際にはある瞬間にただ1つのゴルーチンがある特定のデータの責任を持つように心がけてください。
> メモリを共有することで通信してはいけません。かわりに、通信することでメモリを共有しましょう。

　また、いくつもの記事、講義あるいはGoコアチームへのインタビューの内容がsync.MutexよりもCSP形式のプリミティブを支持しています。

　それゆえ、Goチームがメモリアクセス同期のプリミティブを公開した理由を考えて混乱してしまうのはまったくもって無理のないことです。さらに混乱させるのが、メモリアクセス同期のプリミティブが野放図に使われていたり、人々がチャネルの濫用を非難していたり、Goチームのメンバーがメモリアクセス同期の利用は別に構わないと言っているのを見かけることです。Go Wiki（https://github.com/golang/go/wiki/MutexOrChannel）での問題の箇所です。

> Goのモットーの1つに「通信によってメモリを共有し、メモリの共有によって通信してはいけない」というものがあります。
> とは言っても、Goではsyncパッケージで伝統的なロック機構を提供しています。ロックに関するたいていの問題はチャネルか伝統的なロックを用いることで解決します。
> ではどちらを使うべきなのでしょう。

最も適切に表現できて、かつ、あるいはまたは、最も簡潔に書けるならどちらでも構いません。

これは良いアドバイスです。そしてGoではこのようなガイドラインをよく目にします。しかし少し曖昧ですね。どうやって適切な表現であることや簡潔であることを判断できるでしょうか。どういう基準を用いればよいのでしょうか。幸いにもそのための指標がいくつかあります。判断する方法は、並行処理を管理する箇所によって変化します。狭い範囲に向かって内向きに管理していくか、システム全体に向かって外向きに管理していくかなどです。次の図2-1が指標を決定木の形に落としてくれています。

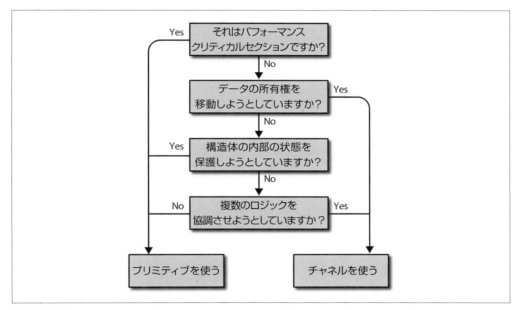

図2-1：決定木

決定木のポイントをひとつひとつ見ていきましょう。

データの所有権を移動しようとしていますか？

何かしら結果を生成するコードがあり、その結果を別のコードに共有したい場合、これはデータの所有権を移動していることになります。ガベージコレクションをサポートしていない言語でのメモリの所有権の概念を知っているのであれば、これは同じ考え方です。データには所有権があり、並行プログラムを安全にする方法の1つとして、一度に1つの並行処理のコンテキストのみがデータの所有権を持つようにします。チャネルを使うと、この意図をチャネルの型の形で表現することで、並行プログラムを安全にするという構想を伝えることができます。こ

れを行う大きな利点の1つは、バッファ付きチャネルを作成して、コストが低いインメモリの
キューを実装し生産者（Producer）と消費者（Consumer）を切り離すことができることです。
他の大きな利点は、チャネルを使うことで暗黙的に並行処理のコードを他の並行処理のコード
と構成可能にすることです。

構造体の内部の状態を保護しようとしていますか？

これはメモリアクセス同期を使うかどうかの分岐点であり、チャネルを使うべきでないかの非
常に強い判断基準です。メモリアクセス同期を使うことで、クリティカルセクションをロック
する実装の複雑な詳細を呼び出し元から隠せます。次の例の型ではスレッドセーフであるけれ
ど、その複雑さを呼び出し元に公開していません。

```
type Counter struct {
    mu sync.Mutex
    value int
}
func (c *Counter) Increment() {
    c.mu.Lock()
    defer c.mu.Unlock()
    c.value++
}
```

Counter型のアトミック性のスコープを定義したと言えます。Incrementへの呼び出しはアト
ミックであると言えます。ここで重要な言葉は内向きです。型を越えてロックを公開している
と思ったら、赤旗を挙げる（注意をうながす）べきでしょう。ロックは小さなレキシカルスコー
プ内に制限するようにしてください。

複数のロジックを協調させようとしていますか？

チャネルは性質としてメモリアクセス同期のプリミティブよりも構成可能であることを思い出
してください。オブジェクトグラフの中にロックをまき散らすのは悪夢ですが、チャネルをあ
らゆる場所で使うことは想定されていることですし、推奨されています！チャネルを組み合わ
せて並行処理を設計することはできますが、ロックや値を返すメソッドを組み合わせて並行処
理を設計するのは容易ではありません。Goのselect文の中でチャネルを使ってやれば、ソフ
トウェアの複雑さを管理するのがとても簡単になるということがわかるでしょう。またチャネ
ルのキューとしての能力とそれを安全に取り回せることにも気付くでしょう。並行なコードが
どのように動作しているか、なぜデッドロックや競合が発生しているか、なぜプリミティブを
使っているのかがわからなくて苦戦しているのであれば、おそらくチャネルを使うべき良いサ
インです。

それはパフォーマンスクリティカルセクションですか？
> これは「私のプログラムの性能を高くしたいのでミューテックスしか使いません」ということではありません。むしろプロファイルを取った箇所があって、そこが他の箇所よりもオーダーで数桁遅いのであれば、メモリアクセス同期のプリミティブを使うことで、負荷がかかったときでもクリティカルセクションがよりよく動作するでしょう。チャネルもメモリアクセス同期を使っているので、遅くなりえるのがその理由です。しかしながら、こうしたことを考慮する前に、パフォーマンスクリティカルセクションがある場合にはプログラムを再設計したほうがよいかもしれません。

この決定木によって、CSP形式の並行処理を使うか、メモリアクセス同期を使うかの基準がいくらか明確になれば幸いです。OSスレッドを使う言語では並行処理を抽象化する方法として便利な他のパターンや実践方法があります。たとえば、スレッドプールなどはその例でしょう。こうした抽象化はたいていOSスレッドの補強や強化をする目的で作られていて、経験上Goではあまり使うことはありません。そうした抽象化がまったくの役立たずということではありません。しかし、Goではユースケースが非常に限られています。問題空間をゴルーチンに当てはめられるようにして、ワークフロー内の並行処理部分をうまく表現し、どんどんゴルーチンを起動しましょう。ハードウェアがサポートする上限までゴルーチンを起動することになるより先に、プログラムの再設計をすることのほうが多いでしょう。

Goの並行処理における哲学は次のようにまとめられます。簡潔さを求め、チャネルをできる限り使い、ゴルーチンを湯水のように使いましょう。

3章
Goにおける並行処理の構成要素

本章では、Go言語に備わっている並行処理をサポートする充実した機能について紹介していきます。本章を終える頃には、構文や関数、パッケージとその機能に関する理解が深まっていることでしょう。

3.1　ゴルーチン (goroutine)

ゴルーチンはGoのプログラムでの最も基本的な構成単位です。したがって、それが何で、どのように動作するのかを理解することは重要です。事実、すべてのGoのプログラムには最低1つのゴルーチンがあります[†1]。それがメインゴルーチンです。これはプロセスが開始する際に自動的に生成され起動されます。ほぼすべてのプログラムで問題解決のために遅かれ早かれゴルーチンを使うことになるでしょう。ではゴルーチンとは一体何なのでしょうか。

単純に言えば、ゴルーチンは他のコードに対し並行に実行している関数のことです（注意：必ずしも並列ではありません！）。ゴルーチンはgoキーワードを関数呼び出しの前に置くことで簡単に起動できます。

```go
func main() {
    go sayHello()
    // 他の処理を続ける
}
func sayHello() {
    fmt.Println("hello")
}
```

無名関数でも動作します！次の例は先の例とまったく同じ処理を行っています。しかしながら、関数からゴルーチンを生成するかわりに、無名関数からゴルーチンを生成しています。

[†1] 訳注：一般的にはガベージコレクションやソフトウェア割り込みの待ちのためゴルーチンが自動的に立ち上がりますが、その数や種類は状況によって異なります。

```
go func() {
    fmt.Println("hello")
}() // ❶
// 他の処理を続ける
```

❶ goキーワードを使うには無名関数を即値で呼び出さなければいけません。

他の方法として、このように変数に関数を代入して無名関数を呼び出すこともできます。

```
sayHello := func() {
    fmt.Println("hello")
}
go sayHello()
// 他の処理を続ける
```

なんて便利なんでしょうか！関数と1つのキーワードでロジック内の並行処理を書き表せるのです！信じようと信じまいと、これがゴルーチンを起動するのに必要なことのすべてです。正しい使用方法、同期の方法、まとめる方法に関して伝えるべきことはたくさんありますが、使うだけであれば覚えるべきことは本当にこれだけです。本章ではこれ以降、ゴルーチンとは一体何で、どう動作するのかを深く解説していきます。もしゴルーチンを使って正しく動作させる書き方にしか興味がないのであれば、この節は飛ばして次の節に進んでください。

それでは舞台裏では何が行われているのか見てみましょう。ゴルーチンは実際どのように動作しているのか。それはOSスレッドなのか。あるいはグリーンスレッドなのか。いくつ生成できるのでしょうか。

ゴルーチンは（他の言語にも似た並行処理のプリミティブは存在しますが）Go特有のものです。ゴルーチンはOSスレッドではなく、また必ずしもグリーンスレッド——言語のランタイムにより管理されるスレッド——ではありません。ゴルーチンはコルーチン（*coroutine*）として知られる高水準の抽象化です。コルーチンは単に「プリエンプティブでない」並行処理のサブルーチン（Goでは関数、クロージャー、メソッドに相応）です。つまり、割り込みをされることがないということです。かわりに、コルーチンには一時停止や再エントリーを許す複数のポイントがあります。

ゴルーチンが独特なのは、ゴルーチンがGoのランタイムと密結合していることです。ゴルーチンは一時停止や再エントリーのポイントを定義していません[†2]。Goのランタイムはゴルーチンの実行時の振る舞いを観察し、ゴルーチンがブロックしたら自動的に一時停止し、ブロックが解放されたら再開します。これによってある意味ゴルーチンをプリエンプティブにしていますが、ゴルーチンがブロックしたときにしか割り込みません。このようにランタイムとゴルーチンのロジックには美しい関係性があります。以上のことから、ゴルーチンは特殊なコルーチンと考えられます。

[†2] 訳注: 一時停止や再エントリーのポイントはGoを使うプログラマ向けには提供されていません。ランタイムが適切なポイントを見つけ、一時停止や再エントリーを自動的に行います。

コルーチン、また結果としてゴルーチンは、暗黙的には並行処理の構成要素ですが、並行性というのはコルーチンの性質ではありません。並行である場合には、何かが複数のコルーチンを同時管理して、それぞれに実行の機会を与えなければなりません——さもなければ、コルーチンが並行になることはありません！コルーチンが暗黙的に並列であるということを示唆するわけではないことに注意してください。複数のコルーチンが逐次実行をして（CPUのコア数以上に）並列処理をしているように見せることは確実に可能です。そして事実Goでは常にそれが起こっています。

Goがゴルーチンをホストする機構は、いわゆる*M:N*スケジューラーと呼ばれる実装になっています。これはM個のグリーンスレッドを N個のOSスレッドに対応させるものです。ゴルーチンはグリーンスレッドにスケジュールされます。グリーンスレッドの数よりも多い数のゴルーチンがある場合には、スケジューラーはゴルーチンを利用可能なグリーンスレッドに割り振って、これらのゴルーチンがブロックした場合には他のゴルーチンを実行するようにしています。この詳しい内容に関しては**6章 ゴルーチンとGoランタイム**で紹介しますが、ここでGoがどのように並行処理を実装しているかを紹介します。

Goは*fork-join*モデルと呼ばれる並行処理のモデルに従っています[†3]。分岐（*fork*）という用語は、プログラムの任意の場所で、プログラムが子の処理を分岐させて、**親と並行**に実行させることを指しています。合流（*join*）という用語は、分岐した時点から先でこれらの並行処理の分岐が再び合流することを指します。

子の処理が親に再度合流する場所を合流ポイントと呼びます。次の図で理解を深めてください。

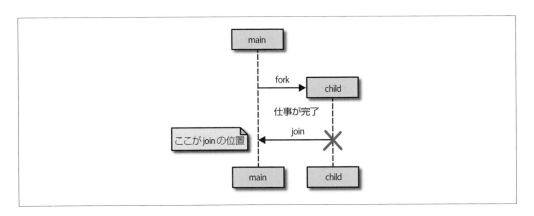

go文はGoがどう分岐を実行するかを表し、分岐されたスレッドを実行しているのはゴルーチンで

---

†3 C言語に明るい人であれば、このモデルとfork関数を比較していることでしょう。 fork-joinモデルは並行処理が実行されている**論理的**なモデルです。このモデルはforkを呼び出したあとにwaitを呼び出すCのプログラムを表現していますが、単に論理的なレベルでの話です。fork-joinモデルはメモリ管理がどのように行われているかについては何も説明していません。

す。単純なゴルーチンの例をもう一度見てみましょう。

```
sayHello := func() {
    fmt.Println("hello")
}
go sayHello()
// 他の処理を続ける
```

ここで、sayHello関数は自身のゴルーチン上で実行されます。かたや、プログラムの続きの部分は引き続き実行されます。この例には、合流ポイントがありません。sayHelloを実行しているゴルーチンは単純に将来の不確定なタイミングで終了します。そして、プログラムの残りの部分はすでに引き続き実行されているのです。

しかしながら、この例には1つ問題があります。sayHello関数が実行されたかどうかは不確定なのです。ゴルーチンは**生成**されて、Goのランタイムにスケジュールされますが、もしかするとメインゴルーチンが終了するまでに実行する機会を得られないかもしれないのです。

事実、（サンプルを）簡単にするためmain関数の残りの部分を省略したので、この小さなサンプルを実行すると、プログラムがsayHelloの呼び出しをホストしているゴルーチンが起動する前に終了してしまうことがほぼ確実です。結果として、"hello" という文字がstdoutに表示されるのを目にすることはないでしょう。ゴルーチンを作ったあとにtime.Sleepを書くこともできますが、思い出してほしいのはそれでは合流ポイントは作成せず、ただ競合状態を作っているだけです。**1章 並行処理入門**にあったように、プログラムの終了の前にゴルーチンが起動する確率を上げることはできますが、それを保証するものではないのです。合流ポイントはプログラムの正当性を保証し競合状態を取り除くものです。

合流ポイントを作成するために、メインゴルーチンとsayHelloのゴルーチンを同期しなければなりません。これはいくつもの方法で実現可能ですが、**3.2 sync パッケージ**の節で紹介するsync.WaitGroupを使って実装してみましょう。今の段階ではこの例がどのように合流ポイントを作成するかを理解することは重要ではありません。2つのゴルーチンの間に合流ポイントを作るということだけ理解してください。time.Sleepの例を訂正した正しい例がこちらです。

```
var wg sync.WaitGroup
sayHello := func() {
    defer wg.Done()
    fmt.Println("hello")
}
wg.Add(1)
go sayHello()
wg.Wait() // ❶
```

❶ これが合流ポイントです。

この例は次のように表示します。

```
hello
```

この例は決定的にsayHello関数をホストしているゴルーチンが終了するまでメインゴルーチンをブロックします。sync.WaitGroupの使い方は**3.2 sync**パッケージの節で学びますが、サンプルを訂正するため、合流ポイントの作成にこれを使います。

手早くゴルーチンを生成するためにたくさんの無名関数を使ってきました。次はクロージャーに注目してみましょう。クロージャーはそれが作成されたレキシカルスコープを閉じ込めて、そこに変数を取り込みます。ゴルーチンの中でクロージャーを実行すると、クロージャーはこれらの変数のコピーに対して操作するのでしょうか、それとも元の変数の参照に対してでしょうか。試してみましょう。

```
var wg sync.WaitGroup
salutation := "hello"
wg.Add(1)
go func() {
    defer wg.Done()
    salutation = "welcome" // ❶
}()
wg.Wait()
fmt.Println(salutation)
```

❶ ここでゴルーチンが変数salutationの値を変更しています。

salutationの値はどうなると思いますか。"hello"でしょうか"welcome"でしょうか。実行して確認してみましょう。

```
welcome
```

面白いことになりました！ゴルーチンはそれが作られたアドレス空間と同じ空間で実行することがわかりました。そして、それゆえにプログラムが"welcome"を表示しています。他の例を試してみましょう。次のプログラムは何を表示すると思いますか。

```
var wg sync.WaitGroup
for _, salutation := range []string{"hello", "greetings", "good day"} {
    wg.Add(1)
    go func() {
        defer wg.Done()
        fmt.Println(salutation) // ❶
    }()
}
wg.Wait()
```

❶ ここで文字列スライスをrangeしたときに作られたループ変数のsalutationを参照しています。

ほとんどの人が予想するよりも厄介な結果になります。またこれは、Goの中では数少ない予想外な結果です。ほとんどの人は直感的に"hello"、"greetings"、"good day"が順不同に表示されると思った

でしょう。しかし結果は次のとおりです。

```
good day
good day
good day
```

ちょっと驚きですよね！何が起きているか明らかにしましょう。この例では、ゴルーチンは文字列型の反復変数salutationを囲むクロージャーを実行しています。ループが繰り返すごとsalutationには次のスライスリテラル内の文字列値が代入されます。ゴルーチンは未来の任意のタイミングにスケジュールされているので、ゴルーチンの中でどの値が表示されるかは不確定です。私のマシンではゴルーチンが開始する前にループが終了してしまうことがほとんどでしょう。つまり、salutation変数はスコープ外になってしまうのです。その時何が起きるのでしょうか。ゴルーチンはスコープ外のものを参照し続けることができるのでしょうか。ガベージコレクションされる可能性があるメモリをアクセスしてしまうのでしょうか。

これはGoのメモリ管理に関するおもしろいこぼれ話です。Goのランタイムは気がきいているので変数salutationへの参照がまだ保持されているかを知っていて、ゴルーチンがそのメモリにアクセスし続けられるようにメモリをヒープに移します。

通常私のマシンでは、どんなゴルーチンでも開始する前にループが終了してしまいます。なのでsalutationは文字列スライスの最後の値である "good day" への参照を保持したままヒープに移されます。それゆえ、私のマシンでは通常 "good day" が3回表示されます。このループを想定したように正しく書くには、salutationのコピーをクロージャーに渡して、ゴルーチンが実行されるようになるまでにループの各繰り返しから渡されたデータを操作できるようにします。

```
var wg sync.WaitGroup
for _, salutation := range []string{"hello", "greetings", "good day"} {
    wg.Add(1)
    go func(salutation string) { // ❶
        defer wg.Done()
        fmt.Println(salutation)
    }(salutation) // ❷
}
wg.Wait()
```

❶ ここで、普通の関数と同じように引数を宣言します。元のsalutation変数をシャドーイングして、何を渡すべきかを明確にします。

❷ ここで、現在の繰り返しの変数をクロージャーに渡します。文字列の構造体のコピーが行われ、それによってゴルーチンが実行されたときに、適切な文字列を参照するようにします。

そして次のように正しい出力を得ます。

```
good day
hello
```

greetings

この例は想定したとおりに動作しています。そして、わずかながらより詳細に記述されています。

ゴルーチンはお互いに同じアドレス空間を操作していて、単純に関数をホストしているため、ゴルーチンを使うことは並行でないコードを書くことの自然な延長になっています。Goのコンパイラはうまい具合に変数をメモリに割り当ててくれて、ゴルーチンが解放されたメモリに間違ってアクセスしてしまわないようにしています。これによって開発者がメモリ管理でなく問題空間に集中できます。しかし、何でも勝手にできるわけではありません。

複数のゴルーチンが同じアドレス空間に対して操作をするので、依然として同期に関しては気にかけねばなりません。先に説明したように、ゴルーチンがアクセスする共有メモリへのアクセスを同期する、またはCSPのプリミティブを使って通信によってメモリを共有するか、いずれかの方法を選択できます。これらの技術についてはこの章の3.3 チャネルや3.2 syncパッケージといった節で紹介します。

ゴルーチンの他の利点は、ゴルーチンが信じられないほどに軽量であることです。Goの公式サイトのFAQ (https://golang.org/doc/faq#goroutines) からの抜粋です。

新しく生成されたゴルーチンには数キロバイトのメモリが与えられます。これでほぼ問題ありません。もしメモリが足りない場合は、ランタイムがメモリを自動的に増加（あるいは減少）させてスタックを保持できるようにし、多くのゴルーチンが適切な量のメモリのなかで生存できるようにします。CPUのオーバーヘッドとしては関数呼び出しごとに平均でコストが低い操作を3つ程度行います。実際に、何百何千ものゴルーチンが同じアドレス空間に生成されています。ゴルーチンが単にスレッドだったら、もっとずっと少ない数でシステムリソースが枯渇してしまうでしょう。

ゴルーチンにつき数キロバイトというのは、かなりいいですね[4]！私たちも自分で確認してみましょう。その前に、1つゴルーチンに関する面白い事実に触れなければなりません。ガベージコレクターは、何らかの理由で破棄された[5]ゴルーチンを回収するようなことは何もしません。次のようなコードを書いたとしましょう。

```
go func() {
    // ＜永遠にブロックする操作＞
}()
// 仕事をする
```

---

[4] 訳注：OSスレッドのデフォルトスタックサイズに関してはOSによって変化しますが、例えば翻訳時現在、Windowsでは1MB、POSIXスレッドはLinuxでは2MBなどと、メガバイト単位にされているのに対し、Goでは通常ゴルーチンは最小で2KBに設定されています（参照:https://golang.org/src/runtime/stack.go）。

[5] 訳注：「破棄」とありますが明示的に破棄をするためのキーワードや関数が用意されているわけではないので、ここでは「ブロックした状態になっている」ものを指しています。

このゴルーチンはプロセスが終了するまで存在し続けます。この性質が問題になるときにどう取り組むかは**4章 Goでの並行処理パターン**の**4.3 ゴルーチンリークを避ける**の節で扱います。次の例ではこの性質を使って実際にゴルーチンの大きさを計測します。

この例では、ゴルーチンはガベージコレクションされないという事実と、ランタイムが自身の内部状態を観察してゴルーチン生成の前後での確保されたメモリ量を計測できるという性質を組み合わせています。

```go
memConsumed := func() uint64 {
    runtime.GC()
    var s runtime.MemStats
    runtime.ReadMemStats(&s)
    return s.Sys
}

var c <-chan interface{}
var wg sync.WaitGroup
noop := func() { wg.Done(); <-c } // ❶

const numGoroutines = 1e4 // ❷
wg.Add(numGoroutines)
before := memConsumed() // ❸
for i := numGoroutines; i > 0; i-- {
    go noop()
}
wg.Wait()
after := memConsumed() // ❹
fmt.Printf("%.3fkb", float64(after-before)/numGoroutines/1000)
```

❶ 計測のためにたくさんのゴルーチンをメモリに置いておきたいので、絶対に終了しないゴルーチンが必要です。ここで何をしているか、いまはわからなくても問題ありません。ただ、このゴルーチンはプロセスが終わるまで終了しないとだけ理解してください。

❷ ここで生成するゴルーチンの数を定義しています。大数の法則を使って漸近的にゴルーチンの数を増やしていきます。

❸ ここでゴルーチン生成前のメモリ消費量を計測します。

❹ ここでゴルーチン生成後のメモリ消費量を計測します。

このコードの実行結果は次のとおりです[†6]。

```
2.817kb
```

ドキュメントは正しいようです！これは何もしない空のゴルーチンですが、どれくらいのゴルーチン

[†6] 訳注: このコードはGo 1.11ではnumGoroutinesの数値によっては結果が変化し、2KB以下になることもあります。訳者が手元で実行したときには170B程度になることもありました。

を生成できそうか概算はできそうです。次の**表3-1**は64ビットCPUでスワップ領域を使わずにどれくらいのゴルーチンを生成できるかを見積もったものです。

表3-1: メモリサイズに応じた生成可能なゴルーチンの数の概算

メモリ (GB)	ゴルーチン (単位 10万)	桁数
2^0	3.718	3
2^1	7.436	3
2^2	14.873	6
2^3	29.746	6
2^4	59.492	6
2^5	118.983	6
2^6	237.967	6
2^7	475.934	6
2^8	951.867	6
2^9	1903.735	9

非常に大きな数ですね！私のラップトップはRAMが8GBなので、理論的には何百万ものゴルーチンをスワップなしで起動できることになります。もちろんこの計算はマシン上で動いている他のプロセスやゴルーチン上の実際の処理を無視していますが、いかにゴルーチンが軽量かがおわかりいただけたことでしょう！

素晴らしい結果ですが、これに水を差すかもしれないものとしてコンテキストスイッチがあります。コンテキストスイッチとは並行プロセスをホストしているものが別の並行プロセスに切り替えるために状態を保存しなければならないときに起こるものです。並行プロセスが過剰にある場合、CPU時間をすべてコンテキストスイッチに費やしてしまい、本来行いたい処理が一切行われないということが起こりえます。オペレーティングシステムの層で言えば、スレッドのコンテキストスイッチは非常にコストが高くなりえます。OSスレッドはレジスタの値、参照テーブル、メモリマップといったものを保存して、今必要なスレッドに切り替えなければいけません。そして、そういった情報を新しいスレッドに読み込ませなければなりません。

ソフトウェア内におけるコンテキストスイッチのコストは、これに比較するとずっとずっと小さくなります。ソフトウェアで定義したスケジューラーでは、ランタイムは何を、どのように、いつ永続化すべきかに関して、より多くの選択肢があります。私のラップトップでOSスレッドとゴルーチンを比較して、コンテキストスイッチの相対的なパフォーマンスを見てみましょう。まずLinuxの組み込みのベンチマークスイートを使って、2つのスレッド間でのメッセージにかかる時間を計測します[†7]。

```
taskset -c 0 perf bench sched pipe -T
```

[†7] 訳注: このテストを実行するにはtasksetコマンドとperfコマンドが必要です。前者は指定したCPUでプロセスを実行するコマンド、後者はLinux用のパフォーマンス解析ツールです。perf bench sched pipe -Tでスレッド間のパイプ操作のベンチマークを取ります。

このコマンドの結果は次のとおりです。

```
# Running 'sched/pipe' benchmark:
# Executed 1000000 pipe operations between two threads

    Total time: 2.935 [sec]

      2.935784 usecs/op
        340624 ops/sec
```

このベンチマークは実際にスレッド上でのメッセージの送受信にかかる時間を計測しています。したがって、結果を2で割ると、コンテキストスイッチには1.467マイクロ秒かかったとわかりました。これは悪くない数字のように見えますが、ゴルーチンでのコンテキストスイッチを調べるまで結論は保留しておきましょう。

似たようなベンチマークをGoで実装します。まだ紹介していない機能も使いますが、わからないことがあってもコードの流れだけを追って、結果に注目してください。次の例では2つのゴルーチンを生成して、その間でメッセージを送ります。

```
func BenchmarkContextSwitch(b *testing.B) {
    var wg sync.WaitGroup
    begin := make(chan struct{})
    c := make(chan struct{})

    var token struct{}
    sender := func() {
        defer wg.Done()
        <-begin // ❶
        for i := 0; i < b.N; i++ {
            c <- token // ❷
        }
    }
    receiver := func() {
        defer wg.Done()
        <-begin // ❶
        for i := 0; i < b.N; i++ {
            <-c // ❸
        }
    }

    wg.Add(2)
    go sender()
    go receiver()
    b.StartTimer() // ❹
    close(begin) // ❺
    wg.Wait()
}
```

❶ 開始（begin）と言われるまで待機します。コンテキストスイッチの計測にゴルーチンの設定と起

動の時間を入れたくなかったのでこうしています。

❷ 受信側のゴルーチンにメッセージを送信しています。strcut{}は空構造体と呼ばれるもので、メモリを消費しません。これによって、メッセージを送出する時間だけを計測できます。

❸ メッセージを受信しますが、何もしません。

❹ タイマーを起動します。

❺ 2つのゴルーチンに開始を伝えます。

先ほどのLinuxのベンチマークに近い環境にするために、ベンチマークでは1つのCPUだけを使うように指定します。結果を見てみましょう。

```
go test -bench=. -cpu=1 \
    src/gos-concurrency-building-blocks/goroutines/fig-ctx-switch_test.go
BenchmarkContextSwitch         5000000                  225          ns/op
PASS
ok                      command-line-arguments          1.393s
```

コンテキストスイッチには225ナノ秒しかかかっていません！つまり0.255マイクロ秒です。私のマシンでは、OSコンテキストスイッチの1.467マイクロ秒と比較して92％も速いです。どのくらいのゴルーチンを起動するとコンテキストスイッチが過剰になるかはわかりませんが、ゴルーチンを使う上でその上限値が障壁になるとは考えづらいでしょう。

この節を読んだみなさんは、どのようにゴルーチンを起動するかを理解し、その動作原理を少し理解しました。また、問題空間が必要とするときはいつでも安全にゴルーチンを生成できるということを、確信していると思います。**2.1 並行性と並列性の違い**の節で紹介したように、問題空間がアムダールの法則によって1つの並行処理のセグメントに制限されていなければ、ゴルーチンを生成すればするほど、プログラムはマルチコアCPUでスケールするでしょう。ゴルーチンの生成コストは非常に低いので、パフォーマンスの問題の根本原因がそれだとわかったとき以外には生成コストの議論をしないほうがいいでしょう。

3.2 syncパッケージ

syncパッケージには低水準のメモリアクセス同期に便利な並行処理のプリミティブが入っています。主にメモリアクセス同期を使って並行処理を扱う言語を触ったことがあれば、ここにある型はすでにおなじみでしょう。Goに特有の点といえば、Goではメモリアクセス同期のプリミティブの上に新しい並行処理のプリミティブを作り、新しい道具を用意したというところです。**2.4 Goの並行処理における哲学**でお話したように、これらの操作は用途が決まっています——たいていはstructのような小さなスコープです。メモリアクセス同期がいつ適切かを決めるのは利用者次第です。それを踏まえた上で、

syncパッケージにあるさまざまなプリミティブを見ていきましょう。

3.2.1 WaitGroup

　WaitGroupはひとまとまりの並行処理があったとき、その結果を気にしない、もしくは他に結果を収集する手段がある場合に、それらの処理の完了を待つ手段として非常に有効です。どちらの前提も当てはまらない場合にはかわりに`select`文を使うことをおすすめします。WaitGroupは非常に便利なので、これ以降の節のサンプルで利用できるよう先に紹介しています。次のコードはWaitGroupでゴルーチンの完了を待つ基本的な例です。

```
var wg sync.WaitGroup

wg.Add(1)                          // ❶
go func() {
    defer wg.Done()                // ❷
    fmt.Println("1st goroutine sleeping...")
    time.Sleep(1)
}()

wg.Add(1)                          // ❶
go func() {
    defer wg.Done()                // ❷
    fmt.Println("2nd goroutine sleeping...")
    time.Sleep(2)
}()

wg.Wait()                          // ❸
fmt.Println("All goroutines complete.")
```

❶ Addを引数に1を渡して呼び出し、1つのゴルーチンが起動したことを表しています。

❷ Doneを`defer`キーワードを使って呼び出して、ゴルーチンのクロージャーが終了する前にWaitGroupに終了することを確実に伝えるようにしています。

❸ Waitを呼び出しています。すべてのゴルーチンが終了したと伝えるまでメインゴルーチンをブロックします。

このコードは次の結果を出力します。

```
2nd goroutine sleeping...
1st goroutine sleeping...
All goroutines complete.
```

　WaitGroupを並行処理で安全なカウンターと考えることもできるでしょう。Addを呼び出すと引数に渡された整数だけカウンターを増やし、Doneを呼び出すとカウンターを1つ減らします。Waitを呼び出すとカウンターがゼロになるまでブロックします。

　Addの呼び出しは監視対象のゴルーチンの外で行われていることに注目してください。こうしない

と競合状態を引き起こしてしまいます。その理由は、**3.1 ゴルーチン**の節でも紹介したように、ゴルーチンがスケジュールされるタイミングに関しては何の保証もないからです。ゴルーチンが開始する前にWaitの呼び出しが起きてしまう可能性があるのです。ゴルーチンのクロージャーの中でAddが呼び出されている場合、Addの呼び出しが実行されないためWaitの呼び出しはブロックせずに実行されてしまうかもしれません。

　Addの呼び出しはできる限り監視対象のゴルーチンの直前に書くというのが慣習です。しかし、ときに関連するゴルーチンの呼び出しを一度に監視するために、Addの呼び出しが行われているのを見ることもあるでしょう。通常、これは次のようにforループの前に書きます。

```
hello := func(wg *sync.WaitGroup, id int) {
    defer wg.Done()
    fmt.Printf("Hello from %v!\n", id)
}

const numGreeters = 5
var wg sync.WaitGroup
wg.Add(numGreeters)
for i := 0; i < numGreeters; i++ {
    go hello(&wg, i+1)
}
wg.Wait()
```

このコードは次のような結果を表示します。

```
Hello from 5!
Hello from 4!
Hello from 3!
Hello from 2!
Hello from 1!
```

3.2.2　MutexとRWMutex

　メモリアクセス同期を使って並行処理を扱う言語に慣れている人であれば、Mutexと聞いてすぐに何かおわかりでしょう。そういう言語を扱っていない人も安心してください。Mutexは簡単に理解できます。ミューテックス（*Mutex*）は「相互排他」を表す英語の"mutual exclusion"の略で、プログラム内のクリティカルセクションを保護する方法の1つです。**1章　並行処理入門**でのクリティカルセクションの説明を思い出してください。クリティカルセクションは、プログラムが共有リソースに対する排他的アクセスを必要とする場所のことでした。Mutexは並行処理で安全な方法でこれらの共有リソースに対する排他的アクセスを提供しています。「Goらしさ」の発言を借りてくれば、チャネルは通信によってメモリを共有し、Mutexは開発者が守らなければならないメモリに対する同期アクセスの慣習を作ることでメモリを共有しています。ミューテックスを使ってこのメモリに対する慎重なアクセスを自分で調整する責任があります。ここで共通の変数をそれぞれ増加と減少させようとしている2つのゴルーチンの

例を見てみましょう。この例ではMutexを使って変数へのアクセスを同期しています。

```
var count int
var lock sync.Mutex

increment := func() {
    lock.Lock()                 // ❶
    defer lock.Unlock()         // ❷
    count++
    fmt.Printf("Incrementing: %d\n", count)
}

decrement := func() {
    lock.Lock()                 // ❶
    defer lock.Unlock()         // ❷
    count--
    fmt.Printf("Decrementing: %d\n", count)
}

// インクリメント
var arithmetic sync.WaitGroup
for i := 0; i <= 5; i++ {
    arithmetic.Add(1)
    go func() {
        defer arithmetic.Done()
        increment()
    }()
}

// デクリメント
for i := 0; i <= 5; i++ {
    arithmetic.Add(1)
    go func() {
        defer arithmetic.Done()
        decrement()
    }()
}

arithmetic.Wait()

fmt.Println("Arithmetic complete.")
```

❶ lockというMutexインスタンスで保護されたクリティカルセクション——この場合count変数——の専有を要求しています。

❷ lockが保護しているクリティカルセクションでの処理が終了したことを示しています。

次のような結果になります。

```
Decrementing: -1
Incrementing: 0
Decrementing: -1
```

```
Incrementing: 0
Decrementing: -1
Decrementing: -2
Decrementing: -3
Incrementing: -2
Decrementing: -3
Incrementing: -2
Incrementing: -1
Incrementing: 0
Arithmetic complete.
```

Unlockへの呼び出しが常にdeferのなかにあることに気がついたかもしれません。これはMutexを使うときによく使われるイディオムです。これによって、たとえpanicになったとしても確実に呼び出せます。呼び出しに失敗してしまうとデッドロックが発生してしまいます。

クリティカルセクションはプログラムのボトルネックを反映しているのでそう名付けられました。クリティカルセクションへの出入りはいくらかコストが高いので、一般的にはクリティカルセクションで消費される時間を極力短くしようとします。

そうするための戦略の1つは、クリティカルセクションの断面積を減らすことです。複数の並行処理のプロセスで共有する必要があるメモリがあるかもしれません。しかし、おそらくそれらのプロセスのうちのすべてがメモリの読み込みと書き込みの両方を必要とするわけではないでしょう。もしそうであれば、別種類のミューテックスであるsync.RWMutexが使えるでしょう。

sync.RWMutexは概念的にはMutexと同じものです。これもメモリへのアクセスを保護します。しかしながらRWMutexはメモリに対する管理をMutexより多く提供してくれます。メモリに対する読み込みのロックを要求した場合、ロックが書き込みで保持されていなければ、アクセスを得ることができます。つまり、書き込みのロックをしているものがいなければ、任意の数の読み込みのロックが取れるというわけです。次のコードは、多数の消費者（Consumer）とそれより活発でない1つの生産者（Producer）の例です。

```
producer := func(wg *sync.WaitGroup, l sync.Locker) { // ❶
    defer wg.Done()
    for i := 5; i > 0; i-- {
        l.Lock()
        l.Unlock()
        time.Sleep(1) // ❷
    }
}

observer := func(wg *sync.WaitGroup, l sync.Locker) {
    defer wg.Done()
    l.Lock()
    defer l.Unlock()
}

test := func(count int, mutex, rwMutex sync.Locker) time.Duration {
```

```
    var wg sync.WaitGroup
    wg.Add(count+1)
    beginTestTime := time.Now()
    go producer(&wg, mutex)
    for i := count; i > 0; i-- {
        go observer(&wg, rwMutex)
    }

    wg.Wait()
    return time.Since(beginTestTime)
}

tw := tabwriter.NewWriter(os.Stdout, 0, 1, 2, ' ', 0)
defer tw.Flush()

var m sync.RWMutex
fmt.Fprintf(tw, "Readers\tRWMutex\tMutex\n")
for i := 0; i < 20; i++ {
    count := int(math.Pow(2, float64(i)))
    fmt.Fprintf(
        tw,
        "%d\t%v\t%v\n",
        count,
        test(count, &m, m.RLocker()),
        test(count, &m, &m),
    )
}
```

❶ producer関数の2番めの引数はsync.Locker型です。このインターフェースにはLockとUnlockという2つのメソッドがあります。このインターフェースはMutex型とRWMutex型を満たします。

❷ 生産者を1ナノ秒スリープさせて、observerゴルーチンよりも非活発にします。

この結果は次のとおりです。

```
Readers  RWMutex      Mutex
1        38.343µs     15.854µs
2        21.86µs      13.2µs
4        31.01µs      31.358µs
8        63.835µs     24.584µs
16       52.451µs     78.153µs
32       75.569µs     69.492µs
64       141.708µs    163.43µs
128      176.35µs     157.143µs
256      234.808µs    237.182µs
512      262.186µs    434.625µs
1024     459.349µs    850.601µs
2048     840.753µs    1.663279ms
4096     1.683672ms   2.42148ms
8192     2.167814ms   4.13665ms
16384    4.973842ms   8.197173ms
32768    9.236067ms   16.247469ms
```

```
65536      16.767161ms     30.948295ms
131072     71.457282ms     62.203475ms
262144    158.76261ms     119.634601ms
524288    303.865661ms    231.072729ms
```

この例に限って言えば、断面を小さくする価値は、読み込みの数が213になってようやく生まれます。この値はクリティカルセクションがどんな処理を行っているかによりますが、論理的に意味があると思うときはMutexではなくRWMutexを使うことをおすすめします。

3.2.3 Cond

Cond型のコードに書いてあるコメントはその目的を上手に記述しています。

> ゴルーチンが待機したりイベントの発生を知らせるためのランデブーポイントです。

この定義で、「イベント」は2つ以上のゴルーチン間で、それが発生したということ以外の情報がない任意のシグナルを指します。ゴルーチン上で処理を続けるまえにこうした信号を受け取りたいということが非常によくあります。こうした要望をCond型を使わずに実現する方法として、無限ループを使う方法があります[†8]。

```
for conditionTrue() == false {
}
```

しかし、この実装ではCPUのコアを専有してしまうので、修正のためにtime.Sleepを入れます。

```
for conditionTrue() == false {
    time.Sleep(1*time.Millisecond)
}
```

多少良くなりましたが、まだ不十分です。スリープさせる長さを気にしなければいけません。長過ぎると人為的にパフォーマンスを落としてしまいますし、短すぎるとCPU時間を無駄に消費してしまいます。ゴルーチンをシグナルが来てその中身を確認するまで効率的にスリープさせられれば、そのほうが良いでしょう。これがCond型が行ってくれることです。Condを使うことで、先の例は次のように書き換えられます。

```
c := sync.NewCond(&sync.Mutex{}) // ❶
c.L.Lock() // ❷
for conditionTrue() == false {
    c.Wait() // ❸
}
c.L.Unlock() // ❹
```

❶ 新しいCondのインスタンスを作ります。NewCond関数はsync.Lockerインスタンスを満たす型を

---

†8 訳注:このサンプルはあくまで誇張して書いているもので、通常は条件節は!conditionTrue()で良いでしょう。

引数に取ります。これによって、Cond型が他のゴルーチンを並行処理で安全な方法で協調できるようになります。

❷ この条件でLockerをロックします。これはWaitへの呼び出しがループに入るときに自動的にUnlockを呼び出すため必要です。

❸ 条件が発生したかどうかが通知されるのを待ちます。これはブロックする呼び出しで、ゴルーチンは一時停止します。

❹ この条件でLockerのロックを解除します。この記述はWaitの呼び出しが終わると、この条件でLockを呼び出すので、必要です。

この方法は、スリープを自分で設定するよりずっと効率的です。Waitの呼び出しはただブロックするだけではなく、現在のゴルーチンを一時停止します。そしてほかのゴルーチンが同じOSスレッド上で動作できるようにします。他にもWaitを呼び出すと、Condの引数であるLockerのUnlockが呼ばれます。そして、Waitを抜けると、今度は同じLockerのLockが呼ばれます。私の意見では、Condを使うには少し慣れが必要です。今見たように、Condのメソッドには効率のための隠れた副作用があるからです。コードの見た目上、Condは条件が起きるのを待っている間ロックをずっと保持しているように見えますが、実際はそうではないのです[†9]。コードを読むときは、このパターンに気をつけましょう。

```go
c := sync.NewCond(&sync.Mutex{}) // ❶
queue := make([]interface{}, 0, 10) // ❷

removeFromQueue := func(delay time.Duration) {
    time.Sleep(delay)
    c.L.Lock() // ❽
    queue = queue[1:] // ❾
    fmt.Println("Removed from queue")
    c.L.Unlock() // ❿
    c.Signal() // ⓫
}

for i := 0; i < 10; i++{
    c.L.Lock() // ❸
    for len(queue) == 2 { // ❹
        c.Wait() // ❺
    }
    fmt.Println("Adding to queue")
    queue = append(queue, struct{}{})
    go removeFromQueue(1*time.Second) // ❻
    c.L.Unlock() // ❼
}
```

[†9] 訳注: コンテキストスイッチのコストが低いという説明をすでにしましたが、Goのランタイムは、生成されたゴルーチンのうち、ブロックされているゴルーチンへはコンテキストスイッチを行わないため、Condによるシステム全体のスループットへの影響はありません。これはこれまで説明してきたMutexやWaitGroupでも同様です。

❶ まず標準のsync.MutexをLockerとして使って条件を作成します。
❷ 次に、長さ0のスライスを作成します。最終的に10回足すとわかっているので、キャパシティを10に設定します。
❸ 条件であるLockerのLockメソッドを呼び出してクリティカルセクションに入ります。
❹ ループ内でキューの長さを確認します。これは重要なことです。なぜなら条件上のシグナルは必ずしも同じ待っている事象が起きたことを意味していないからです――何かが起きただけです。
❺ Waitを呼び出します。これによって条件のシグナルが送出されるまでメインゴルーチンを一時停止します。
❻ 1秒後に要素をキューから取り出す新しいゴルーチンを生成します。
❼ 要素を無事キューに追加できたので条件のクリティカルセクションを抜けます。
❽ 再度条件のクリティカルセクションに入って、条件に合った形でデータを修正します。
❾ スライスと先頭をスライスの2番めの要素を指すように変えることでキューから取り出したことにします。
❿ 無事に要素をキューから取り出したので条件のクリティカルセクションを抜けます。
⓫ 条件を待っているゴルーチンに何かが起きたことを知らせます。

この結果は次のとおりです。

```
Adding to queue
Adding to queue
Removed from queue
Adding to queue
Removed from queue
Adding to queue
Removed from queue
Adding to queue
Removed from queue
Adding to queue
Removed from queue
Adding to queue
Removed from queue
Adding to queue
Removed from queue
Adding to queue
Removed from queue
Adding to queue
```

ご覧のとおり、プログラムは無事に10個の要素をキューに追加しています（そして最後の2要素をキューから取り出す前に終了しました）。また、新たに1つのアイテムをキューに追加する前に少なくとも1つの要素がキューから取り出されるのを待ちます。

この例では新しいメソッドSignalを紹介しています。これはCond型がWaitでブロックされたゴルーチンに通知をするために提供している2つのメソッドのうちの1つで、条件が発動したことを知らせま

す。もう1つのメソッドはBroadcastです。内部的には、ランタイムがシグナルを待機しているゴルーチンのFIFOのリストを管理しています。Signalはシグナルを一番長く待っているゴルーチンを見つけて、そのゴルーチンにシグナルを伝えますが、一方でBroadcastはシグナルを待っているすべてのゴルーチンにシグナルを伝えます。Broadcastは複数のゴルーチンと同時に通信する方法を提供しているので、2つのメソッドのうちではおそらくそちらのほうが興味深いでしょう。Signalはチャネルを使って簡単に再現できますが（**3.3 チャネル**の節で詳しく見ます）、Broadcastを繰り返し呼び出したときの動作をチャネルで再現するのは難しいでしょう。加えて、Cond型はチャネルを使うより性能が高くなります。

　Broadcastを使う場面に関する感覚を得るために、ボタンがあるGUIアプリを想像してみましょう。ボタンがクリックされたときに実行される関数を、任意の数だけ登録したいとします。Condはこの用途に最適です。なぜならBroadcastメソッドを使って、登録したハンドラーのすべてに通知ができるからです。どういう実装になるか見てみましょう。

```go
type Button struct { // ❶
    Clicked *sync.Cond
}
button := Button{ Clicked: sync.NewCond(&sync.Mutex{}) }

subscribe := func(c *sync.Cond, fn func()) { // ❷
    var goroutineRunning sync.WaitGroup
    goroutineRunning.Add(1)
    go func() {
        goroutineRunning.Done()
        c.L.Lock()
        defer c.L.Unlock()
        c.Wait()
        fn()
    }()
    goroutineRunning.Wait()
}

var clickRegistered sync.WaitGroup // ❸
clickRegistered.Add(3)
subscribe(button.Clicked, func() { // ❹
    fmt.Println("Maximizing window.")
    clickRegistered.Done()
})
subscribe(button.Clicked, func() { // ❺
    fmt.Println("Displaying annoying dialog box!")
    clickRegistered.Done()
})
subscribe(button.Clicked, func() { // ❻
    fmt.Println("Mouse clicked.")
    clickRegistered.Done()
})

button.Clicked.Broadcast() // ❼
```

```
clickRegistered.Wait()
```

❶ Clickedという条件を含んでいるButton型を定義します。
❷ 条件に応じて送られて来るシグナルを扱う関数を登録するための便利な関数を定義します。各ハンドラーはそれぞれのゴルーチン上で動作します。そしてsubscribeはゴルーチンが実行されていると確認できるまで終了しません。
❸ WaitGroupを作ります。これはプログラムがstdoutへ書き込む前に終了してしまわないようにするためだけのものです。
❹ ボタンがクリックされたときに、ボタンがあるウィンドウを最大化するのをシミュレートしたハンドラーを登録します[†10]。
❺ マウスがクリックされたときにダイアログボックスを表示するのをシミュレートしたハンドラーを登録します。
❻ 次に、ユーザーがアプリケーションのボタンをクリックした状態からマウスのボタンを離した状態をシミュレートします。
❼ マウスのボタンが離されたときのハンドラーを設定します。こちらはClickedという状態（Cond）に対応するBroadcastを呼び出して、すべてのハンドラーにマウスのボタンがクリックしたということを知らせます（より堅牢な実装では最初にボタンが押下されたかを確認すればよいでしょう）。

次のような結果が出力されます。

```
Mouse clicked.
Maximizing window.
Displaying annoying dialog box!
```

Clickedという状態（Cond）のBroadcastを1度呼び出しただけで、3つのハンドラーすべてが実行されています。clickRegisteredというWaitGroupがなければ、button.Clicked.Broadcast()を何度も呼び出して、3つのハンドラーを何度も呼び出せたでしょう。これはチャネルでは容易に実装できないですし、それゆえにCond型を利用する主な理由の1つになっています。

syncパッケージ内の他のものと同様に、Condは狭い範囲に制限したり、広い範囲に公開する場合もそれをカプセル化した型に入れて利用するのが最適です。

3.2.4 Once

次のコードは何を出力するでしょうか。

```
var count int
```

[†10] 訳注：原文では "when the mouse is clicked" とありますが、ソースの内容自体はボタンがクリックされた場合に対してのハンドラーです。

```
    increment := func() {
        count++
    }

    var once sync.Once

    var increments sync.WaitGroup
    increments.Add(100)
    for i := 0; i < 100; i++ {
        go func() {
            defer increments.Done()
            once.Do(increment)
        }()
    }

    increments.Wait()
    fmt.Printf("Count is %d\n", count)
```

結果はCount is 100になると言ってしまいそうになりますが、sync.Once変数に気がついたことでしょう。そしてincrementの呼び出しをonceのDoメソッドでラップしています。事実、このコードは次の出力をします。

```
Count is 1
```

名前が示しているようにsync.Onceは内部的にsyncの何らかのプリミティブを使って、Doに渡された関数が——たとえ異なるゴルーチンで呼ばれたとしても——一度しか実行されないようにする型です。実際、これがsync.OnceのDoメソッドでincrementの呼び出しをラップした理由です。

関数を確実に一度だけ呼び出すことができる機能を標準パッケージ内に入れるのは奇妙に思うかもしれませんが、このパターンの需要は思った以上に多いとわかりました。ちょっと試しに、Goの標準ライブラリ内でこのプリミティブがどれくらい使われているか調べてみましょう。検索のために次のようなgrepコマンドを実行しました。

```
grep -ir sync.Once $(go env GOROOT)/src |wc -l
```

結果は次のとおりです[11]。

```
70
```

sync.Onceを使う上で気をつけることがいくつかあります。別の例を見てみましょう。次のコードは何を出力するでしょうか。

```
    var count int
    increment := func() { count++ }
    decrement := func() { count-- }
```

---

[11] 訳注 Go 1.11では107でした。

```
var once sync.Once
once.Do(increment)
once.Do(decrement)

fmt.Printf("Count: %d\n", count)
```

次のような結果になります。

```
Count: 1
```

0ではなく1が出力されたことに驚きましたか。そうなった理由は、sync.OnceはDoが呼び出された回数だけを数えていて、Doに渡された一意な関数が呼び出された回数を数えているわけではないからです。このように、sync.Onceのコピーは呼び出そうとしている関数と強く紐付いています。再度、syncパッケージ内の型を使うときは狭い範囲が最適であるということを確認しましょう。sync.Onceを使うときはいつでも小さなレキシカルスコープ、つまり小さな関数あるいは型、で囲むことを定形にすることをおすすめします。次の例はどうでしょうか。何が起きると思いますか。

```
var onceA, onceB sync.Once
var initB func()
initA := func() { onceB.Do(initB) }
initB = func() { onceA.Do(initA) }  // ❶
onceA.Do(initA) // ❷
```

❶ この関数呼び出しは❷の関数呼び出しが値を返すまで起こりません。

このプログラムはデッドロックします。なぜなら❶でのDoの呼び出しは、❷のDoが終了するまで進まないからです——古典的なデッドロックの例です。sync.Onceを使って、複数回の初期化をしていないように見えるので、この挙動が直感に反すると感じる人もいるでしょう。しかしsync.Onceが保証しているのは、関数が一度しか呼ばれないということだけです。プログラム内でこういったことをしてデッドロックをしてしまい、プログラムに不具合を生じさせてしまうことがあります——この例の場合は循環参照です。

3.2.5 Pool

Poolはオブジェクトプールパターンを並行処理で安全な形で実装したものです。オブジェクトプールパターンのきちんとした解説についてはデザインパターンに関する文献[†12]に任せます。しかしながら、Poolはsyncパッケージに属しているので、その面白い点についてここで簡単に説明します。

大まかに言えば、オブジェクトプールパターンは、使うものを決まった数だけ、言い換えればプール

[†12] オライリーの素晴らしい本である*Head First Design Patterns*（日本語版は『Head Firstデザインパターン』）を個人的におすすめします。

を、作る方法です。この方法はコストが高いもの（例：データベース接続）を作るときに数を制限して、決まった数しか作られないようにしつつ、予測できない数の操作がこれらにアクセスをリクエストできるようにするときによく使われます。Goのsync.Poolの場合、このデータ型は複数のゴルーチンから安全に使うことができます。

Poolの主なインターフェースはGetメソッドです。Getが呼び出されたときには、まずプール内に使用可能なインスタンスがあるか確認し、あれば呼び出し元にそれを返します。もしなければ、Newメンバー変数を呼び出し、新しいインスタンスを作成します。作業が終わったら、呼び出し元はPutを呼んで、使っていたインスタンスをプールに戻して、他のプロセスが使えるようにします。次のコードはPoolの簡単な使用例です。

```
myPool := &sync.Pool{
    New: func() interface{} {
        fmt.Println("Creating new instance.")
        return struct{}{}
    },
}

myPool.Get() // ❶
instance := myPool.Get() // ❶
myPool.Put(instance) // ❷
myPool.Get() // ❸
```

❶ プールのGetを呼び出します。この2つの呼び出しによって、プールに定義されているNew関数を起動します。なぜならインスタンスがまだ初期化されていないからです。

❷ 先にプールから取得したインスタンスをプールに戻します。これで利用できるインスタンスの数を1に増やします。

❸ この呼び出しが実行されたときは、先に生成されてプールに戻されたインスタンスを再利用します。New関数は呼び出されません。

ご覧のとおり、New関数は2回だけ呼び出されています。

```
Creating new instance.
Creating new instance.
```

なぜオブジェクトを必要なときにただインスタンス化するのではなく、プールを使うのでしょうか。Goにはガベージコレクターがあるので、インスタンス化されたオブジェクトは自動的に消去されます。ポイントは何でしょうか。次の例を考えてみましょう。

```
var numCalcsCreated int
calcPool := &sync.Pool {
    New: func() interface{} {
        numCalcsCreated += 1
        mem := make([]byte, 1024)
```

```
            return &mem // ❶
        },
    }

    // プールに4KB確保する
    calcPool.Put(calcPool.New())
    calcPool.Put(calcPool.New())
    calcPool.Put(calcPool.New())
    calcPool.Put(calcPool.New())

    const numWorkers = 1024*1024
    var wg sync.WaitGroup
    wg.Add(numWorkers)
    for i := numWorkers; i > 0; i-- {
        go func() {
            defer wg.Done()

            mem := calcPool.Get().(*[]byte) // ❷
            defer calcPool.Put(mem)

            // 何かおもしろいことを行う。
            // ただしメモリに対して素早い処理が行われること。
        }()
    }

    wg.Wait()
    fmt.Printf("%d calculators were created.", numCalcsCreated)
```

❶ バイトのスライスのアドレスを保存していることに注意してください。

❷ バイトのスライスのポインタであると型アサーションしています。

この結果は次のようになります。

```
8 calculators were created.
```

この例をsync.Poolを使わずに実行した場合、結果は非決定的ではありますが、最悪の場合メモリを1GBアロケートする可能性がありました。しかし、上の結果のとおり、sync.Poolを使えばはじめに確保した4KBのアロケーションと追加のアロケーション4KBの合計8KBで済みました。

Poolが便利なその他の場面としては、可能な限り素早く実行しなければならない操作のためにアロケート済みのオブジェクトを暖気する状況です。この場合、生成されるオブジェクトの数を制限することでホストマシンのメモリを保護するかわりに、オブジェクトを作る時間を前倒しにすることによって消費者がオブジェクトの参照を得るまでの時間を短くしようとしています。この方法はリクエストに対して可能な限り素早くレスポンスしようとする高スループットのネットワークサーバを書く場合、非常によく使われます。このようなシナリオを考えてみましょう。

まず、サービスへの接続をシミュレートした関数を作ります。接続には時間がかかるようにしましょう。

```go
func connectToService() interface{} {
    time.Sleep(1*time.Second)
    return struct{}{}
}
```

次に、各リクエストに対してサービスに新規接続を開始した場合、ネットワークサービスの性能がどれほどになるか見てみましょう。受け入れる接続それぞれに対して他のサービスへの接続を開くようなネットワークハンドラーを書きます。ベンチマークを単純にするため、一度に1つの接続のみ許可します。

```go
func startNetworkDaemon() *sync.WaitGroup {
    var wg sync.WaitGroup
    wg.Add(1)
    go func() {
        server, err := net.Listen("tcp", "localhost:8080")
        if err != nil {
            log.Fatalf("cannot listen: %v", err)
        }
        defer server.Close()

        wg.Done()

        for {
            conn, err := server.Accept()
            if err != nil {
                log.Printf("cannot accept connection: %v", err)
                continue
            }
            connectToService()
            fmt.Fprintln(conn, "")
            conn.Close()
        }
    }()
    return &wg
}
```

このベンチマークを取ってみましょう。

```go
func init() {
    daemonStarted := startNetworkDaemon()
    daemonStarted.Wait()
}

func BenchmarkNetworkRequest(b *testing.B) {
    for i := 0; i < b.N; i++ {
        conn, err := net.Dial("tcp", "localhost:8080")
        if err != nil {
            b.Fatalf("cannot dial host: %v", err)
        }
        if _, err := ioutil.ReadAll(conn); err != nil {
            b.Fatalf("cannot read: %v", err)
```

```
        }
        conn.Close()
    }
}

cd src/gos-concurrency-building-blocks/the-sync-package/pool/ && \
go test -benchtime=10s -bench=.
```

結果は次のとおりです。

```
BenchmarkNetworkRequest-8         10              1000385643      ns/op
PASS
ok                          command-line-arguments       11.008s
```

結果はおよそ1E9ナノ秒/opでした。パフォーマンスが許す限りは妥当な数字に見えますが、sync.Poolを使って架空のサービスへの接続をホストした場合にどれくらい改善できるか見てみましょう。

```
func warmServiceConnCache() *sync.Pool {
    p := &sync.Pool{
        New: connectToService,
    }
    for i := 0; i < 10; i++ {
        p.Put(p.New())
    }
    return p
}

func startNetworkDaemon() *sync.WaitGroup {
    var wg sync.WaitGroup
    wg.Add(1)
    go func() {
        connPool := warmServiceConnCache()

        server, err := net.Listen("tcp", "localhost:8080")
        if err != nil {
            log.Fatalf("cannot listen: %v", err)
        }
        defer server.Close()

        wg.Done()

        for {
            conn, err := server.Accept()
            if err != nil {
                log.Printf("cannot accept connection: %v", err)
                continue
            }
            svcConn := connPool.Get()
            fmt.Fprintln(conn, "")
            connPool.Put(svcConn)
            conn.Close()
```

```
        }
    }()
    return &wg
}
```

次のようにベンチマークを取ると

```
cd src/gos-concurrency-building-blocks/the-sync-package/pool && \
go test -benchtime=10s -bench=.
```

このようになります。

```
BenchmarkNetworkRequest-8      5000                     2904307           ns/op
PASS
ok                        command-line-arguments        32.647s
```

結果は2.9E6ナノ秒/opです。3桁も速くなっています！生成コストの高い対象を扱うときにこのパターンを使うことで劇的にレスポンス時間を改善できることがおわかりいただけたでしょう。

これまで見てきたように、オブジェクトプールデザインパターンは、オブジェクトを要求するけれどインスタンス化のあとすぐにオブジェクトを捨ててしまう並行処理のプロセスがある場合、もしくはそうしたオブジェクトの生成がメモリに悪影響を与える場合に最適です。

しかしながら、Poolを使うべきかを決める際に気をつけたほうが良いことが2つあります。それは、同型性とGetの呼び出し間の時間です。

まず1つめについて。もしPoolを扱うコードが同型でないものを扱うときは、はじめからただインスタンス化するよりもPoolから取得したものを変換するほうが時間がかかってしまうかもしれません。たとえば、あなたのプログラムが任意の型の可変長のスライスを複数必要としている場合、Poolはあまり役に立ちません。その状況に適した長さのスライスをPoolから取得できる確率は低いでしょう。

次に2つめについて。いかなるときでも、Goランタイムはいまあるオブジェクトインスタンスの中からインスタンスを削除するかもしれません。本書の執筆時において、ランタイムはガベージコレクションのサイクルのはじめにプールの中身を消去するので、プログラム内でGetの呼び出し間隔が常に長いようだと、Poolのパフォーマンスはもはやその型のインスタンスを新しく作るよりも良いとは言えません。しかしながら、こうした動作は実装の細かな話であって、Poolの正しい利用方法に悪影響を与えるべきではないものです。最悪の場合には、オブジェクトを普通に初期化するのとパフォーマンスの観点ではまったく変わらないかもしれませんが、（これまで見てきたような）最良の場合に、Poolはこの上なく役に立つでしょう。こうした理由から、Poolが役に立つかもしれないときには利用することをおすすめします。

Poolを扱うときは、次の点に気をつけましょう。

- sync.Poolをインスタンス化するときは、呼び出されるときにスレッド安全なNewメンバー変数を

用意する。
- Getでインスタンスを取得するとき、受け取るオブジェクトの状態に関して何も想定してはいけない。
- プールから取り出したオブジェクトの利用が終わったらPutを確実に呼ぶこと。さもなければ、Poolは役に立たない。通常はdeferを使ってこれを行う。
- プール内のオブジェクトはおよそ均質なものであるべき。

3.3 チャネル（channel）

チャネルはHoareのCSPに由来する、Goにおける同期処理のプリミティブの1つです。メモリに対するアクセスを同期するのに使える一方で、ゴルーチン間の通信に使うのが最適です。**2.4 Goの並行処理における哲学**でお話したようにチャネルはお互いを組み合わせられるので、どのようなサイズのプログラムでも極めて便利です。この節でチャネルを紹介したあと、次の節である**3.4 select文**で組み合わせ方について学びます。

水が流れる川のように、チャネルは情報の流れの水路として機能します。値はチャネルに沿って渡され、そこから下流に読み込まれます。このような理由から、私は通常chan型の変数名の末尾を"Stream"にしています[†13]。チャネルを使うときは、値をchan型の変数に渡し、プログラムのどこか他の場所でその値をチャネルから読み込みます。プログラムのまったく異なる各部分はお互いが何をしているかは知らず、チャネルが存在しているメモリ中の同じ場所を参照しているのです。プログラムの中でチャネルへの参照を渡すことでこうした実装ができます。

チャネルを作るのは簡単です。次の例は、チャネルの生成を宣言と初期化に展開して、それぞれがどのような形になるかを示したものです。Goでの他の値と同様に、:=演算子を使って一度にチャネルを生成することもできますが、個々の手順を分けて見られるのが便利な場合があるので、しばしば宣言を別にする必要が出てくるでしょう。

```
var dataStream chan interface{} // ❶
dataStream = make(chan interface{}) // ❷
```

❶ チャネルを宣言します。宣言したのは空インターフェース型なのでinterface{}「型の」チャネルだと書いています。

❷ ビルトインのmake関数を使ってチャネルを初期化しています。

[†13] 訳注：本書ではStreamという後置語を付けていますが、一般的にはChやcと付けることが多いです。Go 1.11のソースでもChを後置するパターンを探してみても多くが見つかる一方で、Streamはチャネルの変数名に後置する例は見られません。
```
$ grep -r -E "[A-Za-z]+Ch " $(go env GOROOT)/src | wc -l
129
```

この例ではdataStreamというチャネルを定義しています。このチャネルには任意の値を書き込んだり読み込んだりできます（なぜなら空インターフェース型を使ったからです）。チャネルは一方向だけにデータが流れるようにも宣言できます——つまり送信だけ、あるいは受信だけをするチャネルを定義できます。後ほど、その重要性を説明します。

一方向チャネルを宣言するには、単純に<-演算子を追加するだけです。読み込み専用チャネルの宣言と初期化をするには、<-演算子を次のように左側に書きます。

```
var dataStream <-chan interface{}
dataStream := make(<-chan interface{})
```

また、送信専用のチャネルを宣言するには、<-演算子を次のように右側に書きます。

```
var dataStream chan<- interface{}
dataStream := make(chan<- interface{})
```

一方向チャネルを初期化するところはあまり見かけないでしょうが、関数の引数や戻り値として使われるのをよく目にすることでしょう。これから見ていきますが、これはすごく便利です。Goが双方向チャネルを必要に応じて暗黙的に一方向チャネルに変換してくれるので、こうしたことが可能になっています。実際の例がこちらです。

```
var receiveChan <-chan interface{}
var sendChan chan<- interface{}
dataStream := make(chan interface{})

// 正しい記述
receiveChan = dataStream
sendChan = dataStream
```

チャネルは型であることに注意してください。この例ではchan interfarce{}の変数を作りました。これが意味するところは、このチャネルにはどのような型のデータでも出し入れできるということです。しかし、より厳格な型を与えて扱うデータを制限することもできます。次の例は整数のチャネルです。より正式なチャネルの初期化方法についても後ほど触れますが、簡単のためにまずは整数型のチャネルをお見せします。

```
intStream := make(chan int)
```

チャネルを使うには、再び<-演算子を使います。送信の場合は<-演算子をチャネルの右側に、受信の場合は<-演算子をチャネルの左側に置きます。この演算子を他の見方をすると、データが演算子の矢印が指し示す方向に流れて変数に入るというように見えます。単純な例を見てみましょう。

```
stringStream := make(chan string)
go func() {
    stringStream <- "Hello channels!" // ❶
}()
```

```
fmt.Println(<-stringStream) // ❷
```

❶ 文字列リテラルをstringStreamチャネルに渡します。
❷ チャネルから文字列リテラルを読み込んでstdoutに表示します。

結果は次のとおりです。

```
Hello channels!
```

とても単純ですよね。必要なのはチャネル変数だけで、そこを経由してデータの読み書きができます。しかしながら、読み込み専用チャネルにデータを書き込もうとしたり、書き込み専用チャネルから読み込もうとするとエラーになります。次の例をコンパイルしようとすると、Goのコンパイラは違反をしていることを教えてくれます。

```
writeStream := make(chan<- interface{})
readStream := make(<-chan interface{})

<-writeStream
readStream <- struct{}{}
```

これをコンパイルしようとすると次のエラーが表示されます。

```
invalid operation: <-writeStream (receive from send-only type
  chan<- interface {})
invalid operation: readStream <- struct {} literal (send to receive-only
  type <-chan interface {})
```

これはGoの型システムによるもので、これのおかげでたとえ並行処理のプリミティブであっても型安全に扱えます。この節で後ほど確認するように、これはAPIを宣言したり、また理解しやすい構成可能で論理的なプログラムを作る強力な方法です。

この章の初めの方で、ゴルーチンがスケジュールされたからと言って、プロセスが終了する前にそれが実行される保証はないと強調したことを思い出してください。それでもなお、先の例は実行できる完全な例で、コードも省略されていない正しい例なのです。匿名のゴルーチンがメインのゴルーチンが終わる前に完了できるのはなぜか気になっていたかもしれません。私が実行したときにたまたま運が良かったのでしょうか。その説明のためにすこし寄り道をしてみましょう。

この例が動くのはGoのチャネルはブロックするからです。つまり、キャパシティがいっぱいのチャネルに書き込もうとするあらゆるゴルーチンは、チャネルに空きができるまで待機し、空のチャネルから読み込もうとしているあらゆるゴルーチンは少なくとも要素が1つ入るまで待機します。この例ではfmt.PrintlnがstringStreamからの読み込みを含んでいて、チャネルに値が入るまで待機します。同様に、無名ゴルーチンがstringStreamに文字列リテラルを書き込もうとしているため、この書き込みが終わるまでゴルーチンは終了しません。したがって、メインゴルーチンと無名ゴルーチンは決定的に

ブロックするのです。

　もしプログラムを正しく書かないと、この状況はデッドロックを引き起こします。次の例を見てみましょう。この例では無名ゴルーチンがチャネルに値を書き込むのを無意味な条件によって妨げています。

```
stringStream := make(chan string)
go func() {
    if 0 != 1 { // ❶
        return
    }
    stringStream <- "Hello channels!"
}()
fmt.Println(<-stringStream)
```

❶ stringStreamチャネルへの書き込みが決して起こらないようにしています。

このプログラムは次のようなエラーメッセージとともにパニックします。

```
fatal error: all goroutines are asleep - deadlock!

goroutine 1 [chan receive]:
main.main()
    /tmp/babel-23079IVB/go-src-230795Jc.go:15 +0x97
exit status 2
```

　メインゴルーチンはstringStreamチャネルに値が書き込まれるのを待ちますし、先ほどの無意味な条件によって、それは決して行われません。無名ゴルーチンが終了するとき、Goはすべてのゴルーチンが休止していることを検出し、デッドロックが発生していることを報告します。この節の後半で、このようなデッドロックを発生させない最初の一歩として、プログラムの構成方法について解説します。そして次の章ではこれらのデッドロックの予防方法について説明します。それまでのしばらくの間は、チャネルからの読み込みについて見ていきましょう。

　<-演算子からの受信は、オプションとして2つの値を返すこともできます。このような形です。

```
stringStream := make(chan string)
go func() {
    stringStream <- "Hello channels!"
}()
salutation, ok := <-stringStream // ❶
fmt.Printf("(%v): %v", ok, salutation)
```

次のような結果になります。

```
(true): Hello channels!
```

　とても興味深いですね！この真偽値は何を意味しているのでしょうか。2つ目の戻り値はプロセス内のどこかで書き込みがあったことで読み込み演算子が読み込みできたかどうか、あるいは閉じたチャネ

ルから生成されたデフォルト値のいずれかを示しています。ちょっと待ってください。閉じたチャネルとは一体何でしょうか。

　プログラムにおいて、もうこれ以上チャネルから値が送られてこないということを示せるのはとても便利です。これによって下流のプロセスが先に進んでいいのか、終了していいのか、通信を新しいチャネル、あるいは別のチャネルで再開していいのかといったタイミングを知ることができます。これはチャネルの値の型ごとに特別な値を用意することでも通知できますが、開発者がその都度そうした作業をおこなうのは冗長です。また、そうした機能はチャネルに本来備わっているべきもので、データ型で解決すべきものではありません。そうした意味で、チャネルを閉じるというのは、普遍的な見張りのようなもので、「おい、上流はこれ以上値を書き込まないぞ、あとは好きにしろ」と教えてくれます。チャネルを閉じるには、次のようにcloseというキーワードを使います。

```
valueStream := make(chan interface{})
close(valueStream)
```

面白いことに、閉じたチャネルからも読み込めます。次の例を見てみましょう。

```
intStream := make(chan int)
close(intStream)
integer, ok := <- intStream // ❶
fmt.Printf("(%v): %v", ok, integer)
```

❶ 閉じたチャネルから読み込みます。

結果は次のとおりです。

```
(false): 0
```

　このチャネルには何も書き込んでいなかったことに注意してください。それでも読み込み処理はできましたし、事実、チャネルは閉じているにもかかわらず、やろうと思えば無制限にチャネルの読み込みを続けることができます。これは、あるチャネルに関して1つの上流の書き込みに対し、複数の下流での読み込みができるようにするためです（**4章 Goでの並行処理パターン**で、これがよくあるシナリオだとわかります）。2つめの戻り値——ここではokという変数に保存されますが——はfalseで、1つめの戻り値である0はintのゼロ値であって、チャネルに書き込まれた値ではないことを示しています。

　閉じたチャネルによっていくつか新しいパターンが使えるようになります。1つめはチャネルをループで処理するものです。rangeキーワード——for文とともに使われますが——はチャネルを引数にとり、チャネルが閉じたときに自動的にループを終了します。これによってチャネル上の値を簡潔に繰り返し取得できます。次の例を見てください。

```
intStream := make(chan int)
go func() {
    defer close(intStream) // ❶
```

```
        for i := 1; i <= 5; i++ {
            intStream <- i
        }
    }()
    for integer := range intStream { // ❷
        fmt.Printf("%v ", integer)
    }
```

❶ ゴルーチンを抜ける前にチャネルを確実に閉じるようにします。頻出パターンです。

❷ intStreamをrangeします。

次が出力結果ですが、すべての値が出力されてからプログラムが終了しています。

```
1 2 3 4 5
```

繰り返しが終了条件を必要としなかったことと、rangeは2つめの真偽値の戻り値を返さないことに注意してください。繰り返し処理を簡潔に書くために、閉じたチャネルの扱いに関してはあなたのかわりにforが行ってくれます。

また、チャネルを閉じることは、複数のゴルーチンに同時にシグナルを送信する方法の1つでもあります。n個のゴルーチンが1つのチャネルを読み込んでいたら、各ゴルーチンのブロックを解除するためにチャネルにn回書き込まなくても、単純にチャネルを閉じるだけで済みます。閉じたチャネルは無限に読み込めるので、読み込みを行うゴルーチンがいくつあっても問題ありません。またチャネルを閉じるほうがn回書き込むよりもコストが低く、性能も良いです。これは複数のゴルーチンを一度に解放する例です。

```
begin := make(chan interface{})
var wg sync.WaitGroup
for i := 0; i < 4; i++ {
    wg.Add(1)
    go func(i int) {
        defer wg.Done()
        <-begin // ❶
        fmt.Printf("%v has begun\n", i)
    }(i)
}

fmt.Println("Unblocking goroutines...")
close(begin) // ❷
wg.Wait()
```

❶ ここでチャネルから読み込めるようになるまでゴルーチンは待機します。

❷ チャネルを閉じます。これによってすべてのゴルーチンを同時に開放します。

beginチャネルを閉じるまでどのゴルーチンも進まないことがわかるかと思います。

```
Unblocking goroutines...
4 has begun
2 has begun
3 has begun
0 has begun
1 has begun
```

3.2 syncパッケージの節で、同様の処理をsync.Cond型を使って実現する話をしたことを覚えていますか。もちろんそれを使ってもいいのですが、先にお話したように、チャネルは組み合わせやすいので、私は複数のゴルーチンを同時に解放するときはチャネルを使うほうが好みです。

またバッファ付きチャネルを作ることもできます。これは初期化の際にキャパシティが与えられたチャネルを指します。つまり読み込みが一度も行われなくても、キャパシティがnのバッファ付きチャネルであればゴルーチンはn回まで書き込みが可能です。それではバッファ付きチャネルの宣言と初期化の方法を見てみましょう。

```
var dataStream chan interface{}
dataStream = make(chan interface{}, 4) // ❶
```

❶ キャパシティが4のバッファ付きチャネルを作ります。このチャネルには読み込みが行われなくても、4回まで書き込み可能です。

ここでも、バッファ付きチャネルがバッファなしチャネルの宣言と何も違いがないことを説明したかったので、宣言と初期化を2行に分けて記述しました。これは少し面白い事実で、チャネルを初期化するゴルーチンがそのチャネルにバッファがあるかどうかを管理しているということです。ということは、チャネルを生成することで、おそらくそのチャネルの挙動と性能をより簡単に推測できるように、そこに書き込みをするゴルーチンと密に紐付けられているだろうということです。これに関しては、この節で後ほど説明します。

バッファ付きチャネルがあるということはバッファなしチャネルもあります。バッファなしチャネルとは単純にバッファ付きチャネルでキャパシティが0のものを指します。同等の機能を持った2つのチャネルの例です。

```
a := make(chan int)
b := make(chan int, 0)
```

2つのチャネルともにintのチャネルでキャパシティはゼロです[†14]。ブロックについて話をしたときに、チャネルが満杯のときはチャネルへの書き込みによってブロックし、チャネルが空のときはチャネルからの読み込みによってブロックすると言ったことを覚えていますか。「満杯」や「空」というのはキャ

---

†14 訳注: Go 1.11時では、内部的には$GOROOT/src/go/runtime/chan.go内のmakechan(*chantype, int)という関数でチャネルが作成されており、バッファなしチャネルを作成した際にはこの関数の第2引数に0が渡され、バッファ付きチャネルでキャパシティ0のものを作成したことと同様になります。

パシティの機能、つまりバッファサイズのことです。バッファなしチャネルのキャパシティはゼロなので書き込む前の段階ですでに満杯です。受信する先がないバッファありチャネルでキャパシティが4のものは、4回書き込むと満杯になります。そして5回目の書き込みの際にはブロックします。なぜなら5つめの要素を書き込む先がないからです。バッファなしチャネルのように、バッファ付きチャネルもブロックします。事前条件としてチャネルが空か満杯かだけが違います。その意味で、バッファ付きチャネルは並行プロセスが通信するためのインメモリのFIFOキューです。

　理解を助けるために、キャパシティが4のバッファ付きチャネルの例で何が起きているかを図解してみましょう。まず初期化します。

```
c := make(chan rune, 4)
```

論理的には、これによって4つのスロットがあるバッファを持ったチャネルが生成されます。このような具合です。

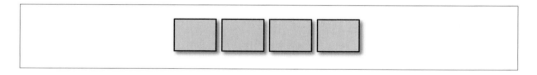

このチャネルに書き込んでみましょう。

```
c <- 'A'
```

このチャネルの受信先がないときはAというルーンはチャネルのバッファの先頭のスロットに配置されます。こうなります。

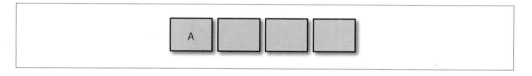

　以降、このバッファ付きチャネルへの各書き込みは（確認ですが、読み込む先はありません）、チャネル内の残りのスロットを順番に埋めていきます。

```
c <- 'B'
```

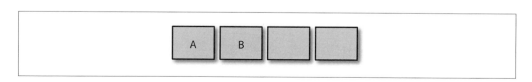

```
c <- 'C'
```

```
c <- 'D'
```

4回書き込むと、このキャパシティが4のバッファ付きチャネルは満杯になります。ここでこのチャネルに再度書き込もうとするとどうなるでしょうか。

```
c <- 'E'
```

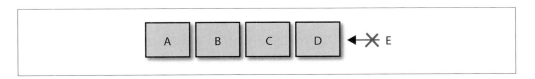

この書き込みをするゴルーチンはブロックされました！このゴルーチンは別のゴルーチンがこのチャネルに対して読み込みを行ってバッファに空きができるまでブロックされ続けます。ではこのチャネルから読み込んでみましょう。

```
<-c
```

　ご覧のとおり、この読み込みによってチャネルの先頭に配置されていたルーンであるAが受信されました。そして、ブロックされていた書き込みが解放され、Eがバッファの末尾に書き込まれました。
　また、バッファ付きチャネルが空で、かつそれに対する受信先がある場合、バッファはバイパスされ、値は送信元から受信先へと直接渡されます。実際のところ、これは透過的に行われますが、バッファ付きチャネルの性能に関する性質として知っておいて損はないでしょう。

バッファ付きチャネルは特定の状況では便利ですが、気をつけて作らないといけません。次の章で説明するように、バッファ付きチャネルは早すぎる最適化になりやすく、またデッドロックを起きにくくさせることで、結果的に見えないところに隠してしまうことになりえます。いいことのようにも聞こえますが、デッドロックはコードを書いているときに発見できる方が、本番環境が落ちて夜中にわかるよりもずっと良いと、あなたも思うでしょう。

他の例を見てみましょう。バッファ付きチャネルを使うというのがどういうことかより理解しやすいように、先のものより実際に近い例をお見せします。

```go
var stdoutBuff bytes.Buffer // ❶
defer stdoutBuff.WriteTo(os.Stdout) // ❷

intStream := make(chan int, 4) // ❸
go func() {
    defer close(intStream)
    defer fmt.Fprintln(&stdoutBuff, "Producer Done.")
    for i := 0; i < 5; i++ {
        fmt.Fprintf(&stdoutBuff, "Sending: %d\n", i)
        intStream <- i
    }
}()

for integer := range intStream {
    fmt.Fprintf(&stdoutBuff, "Received %v.\n", integer)
}
```

❶ インメモリのバッファを作って出力が非決定的になるのを軽減します。何の保証もないですが、stdoutに直接書き込むより若干速いです。

❷ プロセスが終了する前に確実にバッファがstdoutに書き込まれるようにします。

❸ キャパシティが4のバッファ付きチャネルを作成します。

この例ではstdoutに出力される順番は非決定的です。しかし、無名ゴルーチンがどのように動作しているかはおおよそ理解できると思います。出力結果を見れば、無名ゴルーチンが4つの結果すべてをintStreamに書き込み、メインゴルーチンが1つめの結果を読み込む前に終了していることがわかります。

```
Sending: 0
Sending: 1
Sending: 2
Sending: 3
Sending: 4
Producer Done.
Received 0.
Received 1.
Received 2.
Received 3.
Received 4.
```

これは正しい条件の元で役立つ最適化の例です。チャネルに書き込みをおこなうゴルーチンが書き込む回数を事前に知っていたら、バッファ付きチャネルをこれから書き込む回数分のキャパシティだけ用意して、できる限り早く書き込みを行います。もちろん、注意すべきこともありますが、それは次の章で紹介します。

これまで、バッファなしチャネル、バッファ付きチャネル、双方向チャネル、単方向チャネルについてお話してきました。チャネルに関して唯一お話していない話題は、チャネルのデフォルト値であるnilについてです。プログラムはどのようにnilチャネルを扱うのでしょうか。まず、nilチャネルから読み込んでみましょう。

```
var dataStream chan interface{}
<-dataStream
```

このプログラムは次のようなエラーメッセージとともにパニックを起こします。

```
fatal error: all goroutines are asleep - deadlock!

goroutine 1 [chan receive (nil chan)]:
main.main()
    /tmp/babel-23079IVB/go-src-2307904q.go:9 +0x3f
exit status 2
```

デッドロックです！nilチャネルからの読み込みは（必ずしもデッドロックを引き起こすわけではありませんが）プログラムをブロックすることを示しています。書き込みに関してはどうでしょうか。

```
var dataStream chan interface{}
dataStream <- struct{}{}
```

結果は次のとおりです。

```
fatal error: all goroutines are asleep - deadlock!

goroutine 1 [chan send (nil chan)]:
main.main()
    /tmp/babel-23079IVB/go-src-23079dnD.go:9 +0x77
exit status 2
```

nilチャネルへの書き込みもブロックしてしまうようです。残りの操作はただ1つ、closeです。もしnilチャネルを閉じたら何が起きるのでしょうか。

```
var dataStream chan interface{}
close(dataStream)
```

結果はこうなります。

```
panic: close of nil channel
```

```
goroutine 1 [running]:
panic(0x45b0c0, 0xc42000a160)
        /usr/local/lib/go/src/runtime/panic.go:500 +0x1a1
main.main()
        /tmp/babel-23079IVB/go-src-230794uu.go:9 +0x2a
exit status 2
```

おっと！おそらくこれはnilチャネルへの操作の中で最悪の結果ですね。デッドロックでなく、純粋にパニックを起こしました。チャネルを扱うときは常に、まず確実に初期化をしておきましょう。

チャネルの扱い方に関して多くの規則を学んできました。いまや、チャネルの操作方法とその動作原理を理解したので、チャネルの挙動に関する便利な一覧表を作ってみましょう。次の**表3-2**はチャネルへの操作が対象のチャネルに対して何を起こすかを列挙したものです。

表3-2：チャネルの状態に対するチャネルへの操作結果

操作	チャネルの状態	結果
読み込み	nil	ブロック
	Openで空でない	値を取得
	Openで空	ブロック
	Close	<デフォルト値>, false
	書き込み専用	コンパイルエラー
書き込み	nil	ブロック
	Openで満杯	ブロック
	Openで満杯でない	値を書き込み
	Close	panic
	読み込み専用	コンパイルエラー
close	nil	panic
	Openで空でない	チャネルを閉じる。読み込みはチャネルの中身がなくなるまで成功する その後読み込みはデフォルト値を読み込む
	Openで空	チャネルを閉じる。デフォルト値を読み込む
	Closed	panic
	読み込み専用	コンパイルエラー

この表をよく見てみると、問題が起きる組み合わせがいくつかあるのがわかります。ゴルーチンをブロックさせてしまう操作が4つ、そしてプログラムをパニックさせてしまう操作が3つあります！初見ではチャネルは利用するのが危険なもののように見えますが、これらの結果の原因とチャネルの使い方をよく見てみれば、それほど恐ろしいものでもなく、またその意味も納得がいくようになります。それでは堅牢で安定したシステムを構築するために、異なる型のチャネルをどう組み合わせればよいのか見ていきましょう。

まず、チャネルを正しいコンテキストに入れるためはじめにすべきことは、チャネルの所有権を割り振ることです。ここでは所有権を、チャネルを初期化し、書き込み、閉じるゴルーチンとして定義します。ガベージコレクションがない言語でのメモリのように、プログラムで論理的に判断していくためには、どのゴルーチンがチャネルを所有しているかをはっきりさせることが重要です。単方向チャネルを宣言することはチャネルを所有するゴルーチンとチャネルを利用するだけのゴルーチンを区別できる

ようにするための道具です。チャネルを所有しているゴルーチンにはチャネルに対する書き込み権限（chanまたはchan<-）があり、チャネルを利用するだけのゴルーチンには読み込み専用権限（<-chan）しかありません。チャネルの所有者と非所有者の区別をすれば、前述の表の結果に自然と従うことになります。そして、チャネルを所有するゴルーチンとそうでないゴルーチンそれぞれに責任を割り当てられるようになります。

チャネルの所有者の話から始めましょう。チャネルを所有するゴルーチンは次の手順を踏むべきです。

❶ チャネルを初期化します。
❷ 書き込みをおこなうか、他のゴルーチンに所有権を渡します。
❸ チャネルを閉じます
❹ 上の3つの手順をカプセル化して読み込みチャネルを経由して公開します。

これらの責任をチャネルの所有者に与えることで、いくつかのことが起こります。

- チャネルを初期化するゴルーチンなので、nilチャネルに書き込んでデッドロックしてしまう危険がなくなる。
- チャネルを初期化するゴルーチンなので、nilチャネルを閉じることによって起こるpanicの危険がなくなる。
- チャネルを閉じるタイミングを決めるゴルーチンなので、閉じたチャネルに書き込んでpanicになる危険がなくなる。
- チャネルを閉じるタイミングを決めるゴルーチンなので、チャネルを二度以上閉じてしまうことによってpanicになる危険がなくなる。
- コンパイル時に型チェックを行って、チャネルに対する不適切な書き込みを防ぐ。

読み込みの際に起こりうるブロックする操作について見てみましょう。チャネルの消費者として、2つだけ注意しなければなりません。

- チャネルがいつ閉じられたかを把握する。
- いかなる理由でもブロックする操作は責任を持って扱う。

1つめの点に関しては、先にもお話したように、単純に読み込み演算子からの2つめの戻り値を確認します。2つめの点は定義するのがずっと難しいものです。なぜならプログラムのアルゴリズムに依存するからです。タイムアウトさせたかったり、止めるように言われたら読み込みを止めたり、プロセスのライフタイムすべてでコンテンツをブロックしたりと、状況によってさまざまに変わります。大切なのは、消費者として、読み込みはブロックしうるという事実を扱うべきであるということです。次の章ではチャネルからの読み込みのあらゆる目的を達成するための方法を説明します。

いまは、次の例をこれらの概念を理解する手助けとしてください。明確にチャネルを所有するゴルーチンと、チャネルのブロックと閉じることを扱う消費者を作成します。

```
chanOwner := func() <-chan int {
    resultStream := make(chan int, 5) // ❶
    go func() { // ❷
        defer close(resultStream) // ❸
        for i := 0; i <= 5; i++ {
            resultStream <- i
        }
    }()
    return resultStream // ❹
}

resultStream := chanOwner()
for result := range resultStream { // ❺
    fmt.Printf("Received: %d\n", result)
}
fmt.Println("Done receiving!")
```

❶ バッファ付きチャネルを初期化します。結果を6つ生成するとわかっているので、ゴルーチンができる限り早く完了するようにキャパシティが5のバッファ付きチャネルを作成します。

❷ resultStreamへの書き込みを行う無名ゴルーチンを起動します。ゴルーチンよりも先にチャネルを生成したことに注意してください。外の関数によってカプセル化されています。

❸ resultStreamを使い終わったあとに確実に閉じられるようにしています。これはチャネルの所有者としての責任です。

❹ チャネルを返します。戻り値は読み込み専用チャネルとして宣言されているので、resultStreamは暗黙的に読み込み専用の消費者に変換されます。

❺ resultStreamをrangeで繰り返します。消費者として、チャネルのブロックとチャネルを閉じたことだけに注意します。

実行すると次のような結果になります。

```
Received: 0
Received: 1
Received: 2
Received: 3
Received: 4
Received: 5
Done receiving!
```

resultStreamチャネルのライフサイクルがchanOwner関数の中でどのようにカプセル化されているかおわかりになったでしょうか。nilチャネルあるいは閉じたチャネルに書き込みが発生しないことはとても明快です。そして、チャネルを閉じる作業は常に1度しか発生しません。これはプログラムからリ

スクを取り除いてくれます。こうしたことを自明に保つために、プログラム内ではできる限りチャネルの所有権のスコープを小さくすることを強くおすすめします。多数のメソッドを持つ構造体のメンバー変数にチャネルがあると、そのチャネルがどのように振る舞うかがすぐ不明瞭になります。

　消費者の関数は読み込みチャネルへのアクセス権しか持っていません。それゆえに、消費者の関数はブロックする読み込みとチャネルの閉じ方をどのように扱うか知っておく必要があります。この小さな例では、チャネルが閉じられるまでプログラム全体をブロックしてもまったく問題ない、という方針を取りました。

　もしこの原則に従うべくコードを書いているのであれば、システムで何が起きているか推測するのがずっと簡単になりますし、システムがより期待通りに動作するようになるでしょう。絶対にデッドロックやパニックが発生しないとは言い切れませんが、発生した場合には、おそらくチャネル所有権のスコープが大きすぎたか、所有権が不明瞭になっていたと気づくと思います。

　そもそもチャネルは私をGoの世界に引き込んだものの1つでした。ゴルーチンとクロージャーの単純さと組み合わされると、きれいで正しくて並行なコードを書くのがどれほど簡単になるかは明らかでした。多くの意味で、チャネルはゴルーチンをまとめる糊です。この章ではチャネルとは何かの概要とその使い方を説明してきました。本当に面白いのはチャネルを組み合わせて高次元の並行処理のデザインパターンを作るところから始まります。次の章ではそれについて説明します。

3.4　select文

　select文はチャネルをまとめる糊です。これによってプログラム内でより大きな抽象化をするためにチャネルを組み合わせられます。チャネルがゴルーチンを結びつける糊だとしたら、select文はどう表現すればよいでしょうか。select文は並行処理があるGoのプログラムにおいて、最重要要素であるといっても過言ではありません。select文は、単一の関数や型の中でチャネルを局所的に紐付けていたり、またシステム内のいくつかのコンポーネントを大局的に紐付けていたりとさまざまなところで見つけられます。select文はコンポーネントを組み合わせるだけでなく、プログラム内でのこうした接合部でキャンセル処理、タイムアウト、待機、デフォルト値といった概念とチャネルを安全にまとめられます。

　逆にselect文がプログラムで補助的にしか使われておらず、もっぱらチャネルのみを扱っている場合、プログラム内のコンポーネントをお互いにどうやって組み合わせるのでしょうか。この問いかけについては**5章 大規模開発での並行処理**で具体的に調べます（ヒント：チャネルを使うことが望ましい）。

　ということで、この強力なselect文とは一体何なのでしょうか。どのように使い、どのように動作するのでしょうか。まず1つだけ書いてみるところから始めましょう。非常に単純な例です。

```
var c1, c2 <-chan interface{}
var c3 chan<- interface{}
```

```
select {
case <- c1:
    // 何かをする
case <- c2:
    // 何かをする
case c3<- struct{}{}:
    // 何かをする
}
```

　switchブロックに見た目が少し似ていますよね。switchブロックのように、selectブロックは複数の文がガードされたcase文に覆われています。しかしながら、似ているのはそれだけです。switchブロックと違い、selectブロックのcase文は上から順番に評価されません。また1つも条件に該当しない場合には自動的に実行されません。

　かわりに、読み込みや書き込みのチャネルはすべて同時に取り扱われ、どれが用意できたかを確認します[†15]。つまり、読み込みの場合はチャネルに書き込みがあったり閉じられたりしたか、書き込みの場合はキャパシティいっぱいになっていないものはないかを確認します。どのチャネルも準備できていない場合には、select全体がブロックします。チャネルが1つでも準備が完了したら、その操作が行われ、対応する文が実行されます。ちょっとした例を見てみましょう。

```
start := time.Now()
c := make(chan interface{})
go func() {
    time.Sleep(5*time.Second)
    close(c) // ❶
}()

fmt.Println("Blocking on read...")
select {
case <-c: // ❷
    fmt.Printf("Unblocked %v later.\n", time.Since(start))
}
```

❶ 5秒待ったあとにチャネルを閉じます。

❷ チャネルの読み込みを試みます。このようにコードが書かれていますが、実際にはselect文は必要ないことに注意してください。この場合は単純に<-cと書けますが、後ほどこの例を拡張していくのでこのように書いています。

実行すると次のような結果になります。

```
Blocking on read...
Unblocked 5.000170047s later.
```

ご覧のとおり、selectブロックにはいってからおよそ5秒後にブロックをやめました。これは何かが

[†15] 水面下で起こっていることはもう少し複雑です。後ほど、**6章 ゴルーチンとGoランタイム**で紹介します。

起きるのを待つのに単純で効率的な方法ですが、ちょっと考えると次のような疑問がいくつか湧いてきます。

- 複数のチャネルが読み込んでいる場合は何が起きるのか。
- もしどのチャネルも準備完了しなかったらどうなるか。
- もしどのチャネルも準備完了になっていないときに何かしたい場合はどうか。

1つめの疑問である複数のチャネルが同時に読み込めるようになったときに何が起きるかは面白そうな話題です。試しにコードを書いてみて何が起きるか見てみましょう。

```
c1 := make(chan interface{}); close(c1)
c2 := make(chan interface{}); close(c2)

var c1Count, c2Count int
for i := 1000; i >= 0; i-- {
    select {
    case <-c1:
        c1Count++
    case <-c2:
        c2Count++
    }
}

fmt.Printf("c1Count: %d\nc2Count: %d\n", c1Count, c2Count)
```

結果はこうなります。

```
c1Count: 505
c2Count: 496
```

ご覧のとおり、1000回[†16]の繰り返しの中で、select文での半分の時間はc1からの読み込みに、もう半分の時間はc2からの読み込みに使われました。興味深い結果ですし、偶然すぎるようにも見えます。事実、偶然なのです！Goのランタイムはcase文全体に対して疑似乱数による一様選択をしています[†17]。つまり、case文全体では、それぞれの条件が等しく選択される可能性があるわけです。

これは、はじめのうちは重要でないように思えますが、その背景にある論理は非常に興味深いものです。まず、ごく当たり前の話から始めてみましょう。Goのランタイムはあなたが書いたselect文の意図を何一つ知りえません。つまり、Goのランタイムはあなたの問題空間やあなたがselect文でチャネルをまとめた理由を推測できません。こうした理由から、Goのランタイムが実現したいと思っている最善の状態は、それぞれの条件をならして実行することです。それを実現する良い方法として、平

[†16] 訳注: 正確には1001回です。
[†17] 訳注: Go 1.11時点では$GOROOT/src/runtime/select.go内のselectgo関数内でfastrandn関数を呼んでいる箇所がその実装です。

均的に実行するために乱数を導入することです——この場合、どのチャネルから読み込むかの選択です。各チャネルが使われれる確率を等しくすることで、select文を使うすべてのGoプログラムは各条件をならして実行します。

2つめの疑問に関してはどうでしょうか。1つも読み込みができるようにならなかった場合にどうなるのでしょう。すべてのチャネルがブロックされたときに何もやることがない場合、永遠にブロックし続けるわけにもいかないので、おそらくタイムアウトさせたいと思うでしょう。Goのtimeパッケージはselect文のパラダイムの中でうまく適用できるチャネルを使った洗練されたやり方を提供しています。それを使った例を紹介します。

```
var c <-chan int
select {
case <-c: // ❶
case <-time.After(1 * time.Second):
    fmt.Println("Timed out.")
}
```

❶ このcase文はnilチャネルから読み込んでいるので決してブロックが解放されません。

これは次のような結果になります。

```
Timed out.
```

time.After関数はtime.Durationを引数に取り、与えた期間経過後の現在時刻を送信するチャネルを返します。これがselectでタイムアウトを実現する簡潔な方法として使えます。このパターンについては、**4章 Goでの並行処理パターン**で改めて紹介します。そのときはこの問題に関してより堅牢な解決方法についてお話します。

まだ疑問は残ります。チャネルが1つも読み込めず、その間に何かする必要がある場合にはどうしたらいいでしょうか。case文のように、select文にも、選択しているすべてのチャネルがブロックしているときに何かしたい場合のためにdefault節が用意されています。次がその例です。

```
start := time.Now()
var c1, c2 <-chan int
select {
case <-c1:
case <-c2:
default:
    fmt.Printf("In default after %v\n\n", time.Since(start))
}
```

これは次のような結果となります。

```
In default after 1.421µs
```

見てわかるとおり、この例でdefault文はほぼ瞬間的に実行されました。これでselect文をブロッ

クすることなく終了できます。通常、default節はfor-selectループの中で使われているのを見かけるでしょう。これによってゴルーチンの結果の報告を待つ間に他のゴルーチンで仕事を進められます。その例を見てみましょう。

```
done := make(chan interface{})
go func() {
    time.Sleep(5*time.Second)
    close(done)
}()

workCounter := 0
loop:
for {
    select {
    case <-done:
        break loop
    default:
    }

    // Simulate work
    workCounter++
    time.Sleep(1*time.Second)
}

fmt.Printf("Achieved %v cycles of work before signalled to stop.\n", workCounter)
```

これの結果は次のとおりです。

```
Achieved 5 cycles of work before signalled to stop.
```

この場合、ループは何かの仕事をしていて、ときおり止めるべきかどうかを確認しています。

最後に、空select文という特別な状況を紹介します。これはcase節がないselect文のことを指します。次のような見た目になります。

```
select {}
```

このselect文は永遠にブロックします。

6章 ゴルーチンとGoランタイムでは、select文がどのように動作するかについてより深く掘り下げていきます。高水準な領域では、selectがさまざまな概念やサブシステムを安全にかつ効率的に組み合わせるのにどれほど役立つかは自明でしょう。

3.5 GOMAXPROCSレバー

runtimeパッケージにはGOMAXPROCSという名前の関数があります。私見では、この名前は誤解を与えるものだと思います。なぜならこの関数がホストマシンの論理CPUの数——遠回しにはそうなので

すが——に関係していると思われるけれど、実際にはいわゆる「ワークキュー」と呼ばれるOSスレッドの数を制御しているからです。この関数が何か、そしてどのように動作するかに関しては**6章 ゴルーチンとGoランタイム**を参照してください。

Go 1.5以前では、GOMAXPROCSは常に1に設定されていて、次のようなスニペットがたいていのGoのプログラムに書かれていたのを見かけたことと思います。

```
runtime.GOMAXPROCS(runtime.NumCPU())
```

ほぼいかなる場合においても、開発者はプロセスが実行されているマシンのすべてのCPUコアを利用したいものです。こうした理由から、Goのそれ以降のバージョンでは自動的にホストマシンの論理CPUの数に設定されるようになっています。

では、なぜこの値を調整したくなるのでしょうか。たいていの場合は特に調整したいと思うことはないでしょう。Goのスケジューリングアルゴリズムは十分に性能がいいので、たいていの状況ではワークキューの数やスレッドの数を増減させることは百害あって一利なしです。しかし、それでもなおある状況ではこの値の変更が役に立つときがあります。

たとえば、私はかつて競合状態に悩まされているテストスイートのあるプロジェクトに取り組んでいました。しかしながら、テストが落ちてしまうパッケージはひと握りしかないようになってきていました。テストを実行している環境は論理CPUのコアは4つしかなく、それゆえ4つのゴルーチンが常に同時に動いています。GOMAXPROCSの値を論理CPUコアの数以上に増やすことで、競合状態をより多く発生させることができ、結果それを直しやすくできたのです。

また実験を通じてプログラムが特定の数のワークキューとスレッドでよりうまく動くということがあるかもしれませんが、ここで注意してもらいたいことがあります。GOMAXPROCSを調整することで性能を絞っているのであれば、コードのコミットごと、マシンを変えるごと、Goのバージョンが変わるごとに調整してください。この値を調整することでプログラムは生身のハードウェアに近づきますが、それは抽象化と長期的な性能の安定性を犠牲にするものなのです。

3.6 まとめ

この章では、Goが提供していて自由に使える並行処理の基本的なプリミティブを網羅しました。この章を読んで、内容を理解したのであれば、私はとても嬉しく思います！着実に性能が良く可読性が高く論理的にも正しいプログラムを書けるようになっています。syncパッケージ内のメモリアクセス同期のプリミティブを検討する適切なタイミングはいつか、またチャネルとselect文を使って「通信によってメモリを共有する」のがより適切なタイミングはいつか、これでわかったことでしょう。

並行なGoのコードを書く際に理解すべきこととして残っているのは、これらのプリミティブをスケールしつつ理解しやすい構造に組み合わせていく方法です。本書の後半では、その方法にだけ焦点を当

てます。次の章を割いて、これらのプリミティブをGoのコミュニティが培ってきたパターンを使ってどう組み合わせるかご紹介します。

補足: Atomic

こちらは日本語版への補足です。1章の**ライブロック**の節で3章でsync/atomicパッケージを説明する旨記述がありましたが、原文にはなかったので補足します。

sync/atomicパッケージは名前の通り、アトミックな操作を提供しているパッケージです。具体的には

- 加算（AddT関数群）
- 比較後にスワップ（CompareAndSwapT関数群）
- 変数からの値の読み込み（LoadT関数群）
- 変数への値の書き込み（StoreT関数群）
- スワップ（SwapT関数群）

の各操作を各組み込み型に対して行う関数を用意しています（上のTは各種組み込み型。詳しくはドキュメントを参照してください）。

例えば本文ではsync.Mutexを使った操作として、次のような例を紹介しています[18]（一部改変しています）。

```
var count int64
var lock sync.Mutex

increment := func() {
    lock.Lock()
    defer lock.Unlock()
    count++
    fmt.Println("Incrementing: %d\n", count)
}
```

この例ではcount++の操作をアトミックにするためにミューテックスを使っています。しかし、この例はsync/atomicを使うことで次のように簡潔に記述できます[19]。

```
var count int64

increment := func() {
    atomic.AddInt64(&count, 1)
```

---

[18] https://play.golang.org/p/eTFGmz1fe6L
[19] https://play.golang.org/p/k8guzRNmROB

}
```

またatomic.Valueという構造体もあり、LoadとStoreというメソッドが提供されています。このメソッドでは任意の型の読み込みと書き込みをアトミックにできます。
```

4章
Goでの並行処理パターン

　Goの並行処理に関するプリミティブの基礎を紹介し、それらを正しく使う方法について議論してきました。この章では、これらのプリミティブの組み合わせ、システムをスケーラブルで保守可能に保つパターンにする方法について深く掘り下げていきます。

　しかしながら、その前にこの章で紹介するいくつかのパターンの形式について触れておく必要があります。多くの例で、空インターフェース型（interface{}）を引き回しているチャネルを使っています。Goで空インターフェース型を使うことに関しては議論の余地があります。しかしながら、ここで空のインターフェース型を用いているのにはいくつかの理由があります。1つめは残りのページ数で簡潔に例を書くためです。2つめはある状況においてパターンが何を実現しようとしているかがわかりやすくなるからです。2つめに関しては**4.6 パイプライン**の節でより直接的にお話します。

　反論したいことがたくさんあるかもしれませんが、Goのジェネレーターを使っていつでもこうしたコードを生成することができますし、必要な型を使ったパターンを生成できます[†1]。

　そういうわけで、早速Goでの並行処理のパターンをいくつか学んでいきましょう！

4.1　拘束

　並行なコードを扱うときに、安全な操作をするためにはいくつかの異なる方法が考えられます。これまでにそのうちの2つについて見てきました。

- メモリを共有するための同期のプリミティブ（例：sync.Mutex）
- 通信による同期（例：チャネル）

しかしながら、複数の並行プロセス内で暗黙的に安全な方法が他にもいくつかあります。

- イミュータブルなデータ

[†1]　訳註：go generateのことです。go generateについて、詳しくは補遺Bを参照してください。

● 拘束によって保護されたデータ

ある意味で、イミュータブルなデータは暗黙的に「並行処理において安全」であり理想的です。各並行プロセスは同じデータに対して操作できますが、それを変更できません。もし新しいデータを作りたければ、そのデータをコピーしてから必要な変更を行います。これによって開発者がデータの中身を認識する負荷を軽減するだけでなく、クリティカルセクションを小さく（あるいはまったく無く）して、より速いプログラムにもなりえます。Goでは、メモリ内の値へのポインターの代わりに値のコピーを使うようなプログラムを書くことでこれを実現できます。言語によっては、明示的にイミュータブルな値を持ったポインターを扱うこともできますが、Goではそういったことはできません。

拘束によっても開発者がデータの中身を認識する負荷を下げ、クリティカルセクションを小さくできます。並行処理で扱う値を拘束する技術は単純に値のコピーを渡すという話よりは少しややこしいため、この章では拘束に関する技術を深く紹介します。

拘束は、情報をたった1つの並行プロセスからのみ得られることを確実にしてくれる単純ですが強力な考え方です。これが確実に行われたときには、並行プログラムは暗黙的に安全で、また同期がまったく必要なくなります。拘束は2種類存在しています。アドホックとレキシカルの2つです。

アドホック拘束は、拘束を規約──たとえば言語コミュニティ、職場のチーム、あるいは触っているコードベースなどによって指定されている規則──によって達成した場合を指します。私の考えでは、どのような規模のコミュニティにおいても、誰かがコードをコミットするたびに静的解析を実行してくれるようなツールが無いかぎり、規約を守り続けるのは難しいことです。ここにその理由を説明しているアドホック拘束の例を示します。

```go
data := make([]int, 4)

loopData := func(handleData chan<- int) {
    defer close(handleData)
    for i := range data {
        handleData <- data[i]
    }
}

handleData := make(chan int)
go loopData(handleData)

for num := range handleData {
    fmt.Println(num)
}
```

整数のスライスであるdataがloopData関数でもhandleDataチャネルに対する繰り返しでも利用できることがわかります。しかしながら、規約によってloopData関数のみからアクセスしています。しかし、コードが多くの人に手を入れられて、締切が迫ってくるにつれて、間違ったコードが混入し、拘束が破られて、問題が起きます。先にも述べたように、静的解析ツールはこういった類の問題を捕まえ

てくれるかもしれませんし、Goのコードベースに対する静的解析の導入は「多くの開発チームがそれを導入できる成熟度に到達できていない」ことを示すでしょう。これが、私がレキシカル拘束のほうをより好む理由です。これはコンパイラを駆使して拘束を強制するというものです。

　レキシカル拘束はレキシカルスコープを使って適切なデータと並行処理のプリミティブだけを複数の並行プロセスが使えるように公開することを指します。これによって誤った処理を書いてしまうことを不可能にしています。この話題についてはすでに **3章 Goにおける並行処理の構成要素** で触れています。チャネルに関する節での内容を思い出してください。そこではチャネルを必要とする並行プロセスにそのチャネルへの読み書きのうち必要な権限だけ公開する、という話をしました。再度例を見てみましょう。

```go
chanOwner := func() <-chan int {
    results := make(chan int, 5) // ❶
    go func() {
        defer close(results)
        for i := 0; i <= 5; i++ {
            results <- i
        }
    }()
    return results
}

consumer := func(results <-chan int) { // ❸
    for result := range results {
        fmt.Printf("Received: %d\n", result)
    }
    fmt.Println("Done receiving!")
}

results := chanOwner()         // ❷
consumer(results)
```

❶ チャネルをchanOwner関数のレキシカルスコープ内で初期化します。これによってresultsチャネルへの書き込みができるスコープを制限しています。言い換えれば、このチャネルへの書き込み権限を拘束して、他のゴルーチンの書き込みを防いでいます。

❷ チャネルへの読み込み権限を受け取って、消費者に渡しています。消費者は読み込み以外は何もしません。再度になりますが、これによりメインゴルーチンにはこのチャネルへの読み込みだけが見えるように拘束します。

❸ intのチャネルの読み込み専用のコピーを受け取ります。読み込み権限のみが必要であることを宣言することで、consumer関数内でのこのチャネルに対する操作を読み込み専用に拘束します。

　このように設定することで、この小さな例の中にあるresultチャネルは直接利用できなくなります。これは拘束の良い導入ではありますが、チャネルは並行安全なのであまりおもしろい例ではないでしょ

う。並行安全ではないデータ構造を使った拘束の例を見てみましょう。ここではbytes.Bufferを使います。

```go
printData := func(wg *sync.WaitGroup, data []byte) {
    defer wg.Done()

    var buff bytes.Buffer
    for _, b := range data {
        fmt.Fprintf(&buff, "%c", b)
    }
    fmt.Println(buff.String())
}

var wg sync.WaitGroup
wg.Add(2)
data := []byte("golang")
go printData(&wg, data[:3])    // ❶
go printData(&wg, data[3:])    // ❷

wg.Wait()
```

❶ dataの中の先頭の3バイトを含んだスライスを渡します。
❷ dataの中の後半の3バイトを含んだスライスを渡します。

　この例でprintDataはdataスライスの宣言の後にないので、直接アクセスできず、引数としてbyteのスライスを渡してもらう必要があります。printDataを呼び出すゴルーチンでそれぞれ別の部分集合を渡しているので、起動したゴルーチンがそれぞれdataの一部しかアクセスできないように拘束しています。レキシカルスコープによって、間違ったアクセスを不可能にしました[†2]。またこうすることでメモリアクセスの同期や通信によるデータの共有をおこなう必要がありません。

　ここで重要な点は何でしょうか。同期を利用できるのに、なぜ拘束を使おうとするのでしょうか。パフォーマンスの向上と、開発者に対する可読性の向上がその理由です。同期はコストが高くなり、使用を避けることができればクリティカルセクションを持たずに済みます。またそれゆえに、同期のコストをかける必要がなくなります。また同期をおこなうことで発生しうる問題すべてを回避できます。つまり開発者は単純にこういった類の問題をまったく気にする必要がなくなります。さらにレキシカル拘束を利用する並行処理のコードは、そうでないコードに比較して一般的には理解しやすいものになるという利点があります。その理由は、レキシカルスコープのコンテキストの中では同期なコードが書けるからです。

　とはいえ、拘束をきちんと作るのは難しいこともあります。そして、ときには素晴らしいGoの並行処理のプリミティブを利用しなければならなくなります。

[†2] unsafeパッケージを使ってメモリを手で操作できる可能性を無視しました。unsafeと呼ばれているのには理由があるのです！

4.2 for-selectループ

Goのプログラムで何度も見かけるものといえばfor-selectループでしょう。for-selectループは次のようなもの以外の何ものでもありません。

```
for { // 無限ループまたは何かのイテレーションを回す
    select {
    // チャネルに対して何かを行う
    }
}
```

このパターンが出現するシナリオはいくつかあります。

チャネルから繰り返しの変数を送出する

しばしば繰り返しが可能なものをチャネル上の変数に変換したいことがあります。これはまったく派手なものではありません。次のような見た目になります。

```
for _, s := range []string{"a", "b", "c"} {
    select {
    case <-done:
        return
    case stringStream <- s:
    }
}
```

停止シグナルを待つ無限ループ

外部から停止の命令が来るまで無限に繰り返すゴルーチンを作るのはよくあることです。このパターンにはいくつかの変形があります。どれを選んでも、純粋に形式上の好みの問題です。1つめの形式はselect文を極力短くするものです。

```
for {
    select {
    case <-done:
        return
    default:
    }

    // 割り込みできない処理をする
}
```

doneチャネルが閉じられていなければ、select文を抜けてforループの本体の残りの処理を続けます。2つめの形式ではselect文のdefault節に処理を埋め込みます。

```
for {
    select {
    case <-done:
        return
```

```
        default:
            // 割り込みできない処理をする
        }
    }
```

select文にはいったときに、doneチャネルが閉じられていなければ、かわりにdefault節を実行します。このパターンに関してはこれ以上のものはありません。しかし、このパターンはどこでも見かけるので、ここで触れておく価値はあるでしょう。

4.3　ゴルーチンリークを避ける

3.1 ゴルーチンの節で解説したように、ゴルーチンの生成はコストが小さく容易です。これこそが、Goをこれほどまでに生産的な言語たらしめている要素の1つです。ランタイムがゴルーチンをいかなる数のOSスレッドにもマルチプレキシングしてくれるので、私たちが抽象化の層に関して気にする必要はほとんどありません。しかし、少ないとはいえゴルーチンもコストがかかり、またゴルーチンはランタイムによってガベージコレクションされません。それゆえ、ゴルーチンのメモリフットプリントがどれほど小さいといっても、プロセス内にほったらかしにしておきたくはないでしょう。では、どのようにしてゴルーチンを確実に片付けたらいいのでしょうか。

はじめからひとつひとつ手順を追って考えていきましょう。なぜゴルーチンは存在するのでしょうか。**2章 並行性をどうモデル化するか**で、ゴルーチンはお互いに並列に動作しているかどうかにはかかわらず仕事の単位を表していることを確認しました。ゴルーチンが終了に至るまでの流れにはいくつかの種類があります。

- ゴルーチンが処理を完了する場合
- 回復できないエラーにより処理を続けられない場合
- 停止するように命令された場合

最初の2つの流れに関しては何もしないでも実行されます——これらはあなたのプログラムのアルゴリズム次第です——しかしキャンセル処理に関してはどうでしょうか。このことはネットワーク効果により最も重要であるとわかりました。あなたがゴルーチンを起動すれば、それはたいていなんらかの整理されたやり方で他のいくつかのゴルーチンと協調しており、この相互に連結された状態はグラフで描き表せるでしょう。子のゴルーチンが処理を続けるべきかどうかは他の多くのゴルーチンの状態を知ることが前提となります。親のゴルーチン（しばしばメインゴルーチン）がこうしたコンテキストをすべて知ることで、子のゴルーチンに終了するよう命令できるようになるでしょう。次の章では、大規模でのゴルーチンの相互依存に関して引き続き見ていきますが、いまは確実に子ゴルーチンが回収されることを保証する方法について考えてみましょう。まずは簡単なゴルーチンリークの例から見ていきます。

```
doWork := func(strings <-chan string) <-chan interface{} {
    completed := make(chan interface{})
    go func() {
        defer fmt.Println("doWork exited.")
        defer close(completed)
        for s := range strings {
            // 何かおもしろい処理
            fmt.Println(s)
        }
    }()
    return completed
}

doWork(nil)
// もう少し何かしらの処理がここで行われる
fmt.Println("Done.")
```

この例ではメインゴルーチンがnilチャネルをdoWorkに渡しています。それゆえ、stringsチャネルには実際には絶対に文字列が書き込まれることはなく、doWorkを含むゴルーチンはこのプロセスが生きている限りずっとメモリ内に残ります（もしdoWork内のゴルーチンとメインゴルーチンをつなげていたらデッドロックしていたでしょう）。

この例でのプロセスの生存時間は短いですが、実際のプログラムではゴルーチンは長時間稼働するプログラムの始めのほうで簡単に起動されます。最悪の場合、メインゴルーチンは稼働し続ける限りゴルーチンを生成し続け、メモリ使用率をじわじわと高めていきます。

こうした問題を上手に軽減させるためには、ゴルーチンの親子間で親から子にキャンセルのシグナルを送れるようにします。慣習として、このシグナルは通常doneという名前の読み込み専用チャネルにします。親ゴルーチンはこのチャネルを子ゴルーチンに渡して、キャンセルさせたいときにチャネルを閉じます。その例がこちらのコードです。

```
doWork := func(
    done <-chan interface{},
    strings <-chan string,
) <-chan interface{} { // ❶
    terminated := make(chan interface{})
    go func() {
        defer fmt.Println("doWork exited.")
        defer close(terminated)
        for {
            select {
            case s := <-strings:
                // 何かおもしろい処理
                fmt.Println(s)
            case <-done: // ❷
                return
            }
        }
    }()
```

```
        return terminated
}

done := make(chan interface{})
terminated := doWork(done, nil)

go func() { // ❸
    // 1秒後に操作をキャンセルする
    time.Sleep(1 * time.Second)
    fmt.Println("Canceling doWork goroutine...")
    close(done)
}()

<-terminated // ❹
fmt.Println("Done.")
```

❶ doneチャネルをdoWork関数に渡します。慣例として、このチャネルは第1引数にします。

❷ この行はどこにでもに存在するfor-selectパターンを使っています。case文の1つでdoneチャネルからシグナルが送られたかどうかを確認しています。もし送られていたら、ゴルーチンからreturnします。

❸ 1秒以上経過したらdoWorkの中で生成されたゴルーチンをキャンセルする他のゴルーチンを生成します。

❹ ここでdoWorkから生成されたゴルーチンがメインゴルーチンとつながります。

出力結果は次のとおりです。

```
Canceling doWork goroutine...
doWork exited.
Done.
```

nilをstringsチャネルに渡しているにもかかわらず、それでもゴルーチンは無事に終了しています。先の例と違って、この例では2つのゴルーチンをつなげていて、それでもなおデッドロックしていません。その理由は、2つのゴルーチンをつなげる前に、1秒経過後にdoWork内のゴルーチンをキャンセルするための3つめのゴルーチンを生成しているからです。ゴルーチンリークを無事に取り除けました！

先の例ではゴルーチンがチャネルでデータを受け取るケースに関してはうまく対応できました。しかし、逆の状況ではどうでしょうか。つまり、ゴルーチンがチャネルに対して書き込みを行おうとしてブロックしている状況です。その問題を実際に示した例がこちらです。

```
newRandStream := func() <-chan int {
    randStream := make(chan int)
    go func() {
        defer fmt.Println("newRandStream closure exited.") // ❶
        defer close(randStream)
        for {
            randStream <- rand.Int()
```

```
        }
    }()
    return randStream
}

randStream := newRandStream()
fmt.Println("3 random ints:")
for i := 1; i <= 3; i++ {
    fmt.Printf("%d: %d\n", i, <-randStream)
}
```

❶ ゴルーチンが無事に終了した場合にメッセージを表示します。

実行結果はこちらです。

```
3 random ints:
1: 5577006791947779410
2: 8674665223082153551
3: 6129484611666145821
```

出力結果を見てわかるように、deferされたfmt.Printlnの文は決して実行されません。3回繰り返しが実行された後に、次の乱数の整数をもう読み込まれていないチャネルに送信しようとしてゴルーチンはブロックしてしまいます。生産者側に停止して良いと伝える方法がありません。解決策は、受信の例のように、生産者のゴルーチンに終了を伝えるチャネルを提供することです。

```
newRandStream := func(done <-chan interface{}) <-chan int {
    randStream := make(chan int)
    go func() {
        defer fmt.Println("newRandStream closure exited.")
        defer close(randStream)
        for {
            select {
            case randStream <- rand.Int():
            case <-done:
                return
            }
        }
    }()

    return randStream
}

done := make(chan interface{})
randStream := newRandStream(done)
fmt.Println("3 random ints:")
for i := 1; i <= 3; i++ {
    fmt.Printf("%d: %d\n", i, <-randStream)
}
close(done)
```

```
// 処理が実行中であることをシミュレート
time.Sleep(1 * time.Second)
```

このコードを実行すると次のようになります。

```
3 random ints:
1: 5577006791947779410
2: 8674665223082153551
3: 6129484611666145821
newRandStream closure exited.
```

ゴルーチンがきれいに片付けられました。

ここまでで、ゴルーチンを確実にリークしないようにする方法を学んだので、次のような規約を明記できるでしょう。もしあるゴルーチンがゴルーチンの生成の責任を持っているのであれば、そのゴルーチンを停止できるようにする責任もあります。

この規約によってプログラムが構成可能で自由にスケールできるようになります。このあたりの技術とルールに関しては4.6 パイプラインと4.12 contextパッケージの節でより詳しく扱います。ゴルーチンを停止させるやり方はゴルーチンの種類と目的によって変わりますが、いずれもdoneチャネルを渡すという基本に基づいています。

4.4　orチャネル

ときどき1つ以上のdoneチャネルを1つのdoneチャネルにまとめて、まとめてるチャネルのうちのどれか1つのチャネルが閉じられたら、まとめたチャネルも閉じられるようにしたいと思うことがあるでしょう。冗長にはなりますが、select文を使ってまとめることには、まったく問題ありません。しかしながら、実行時にまとめるべきdoneチャネルがいくつあるかわからないこともあります。こういった場合、あるいは1行で書きたい場合には、*or*チャネルパターンを使ってチャネルをまとめると良いでしょう。

このパターンでは再帰とゴルーチンを使って合成したdoneチャネルを作れます。見てみましょう。

```
var or func(channels ...<-chan interface{}) <-chan interface{}
or = func(channels ...<-chan interface{}) <-chan interface{} { // ❶
    switch len(channels) {
    case 0: // ❷
        return nil
    case 1: // ❸
        return channels[0]
    }

    orDone := make(chan interface{})
    go func() { // ❹
        defer close(orDone)
```

```
            switch len(channels) {
            case 2: // ❺
                select {
                case <-channels[0]:
                case <-channels[1]:
                }
            default: // ❻
                select {
                case <-channels[0]:
                case <-channels[1]:
                case <-channels[2]:
                case <-or(append(channels[3:], orDone)...): // ❻
                }
            }
        }()
        return orDone
}
```

❶ 関数orを定義しています。この関数はチャネルの可変長引数のスライスを受け取り、1つのチャネルを返します。

❷ これは再帰関数なので、停止条件を決めなければなりません。最初の条件は可変長引数のスライスが空の場合で、単純にnilチャネルを返します。これはチャネルを渡さなかった場合と同義です。特に何かを行う合成チャネルを作ることは想定していません。

❸ 2つめの停止条件では、可変長引数のスライスが1つしか要素を持っていない場合で、このときはその要素を返すだけです。

❹ ここが関数の本体で、再帰が発生する部分です。ゴルーチンを作って、ブロックすることなく作ったチャネルにメッセージを受け取れるようにします。

❺ 再帰のやり方のせいで、orへの各再帰呼出しは少なくとも2つのチャネルを持っています。ゴルーチンの数を制限するために、2つしかチャネルがなかった場合の特別な条件を設定します。

❻ スライスの3番目以降のチャネルから再帰的にorチャネルを作成して、そこからselectを行います。この再帰関係はスライスの残りの部分をorチャネルに分解して、最初のシグナルが返ってくる木構造を形成します。またorDoneチャネルも渡して、木構造の上位の部分が終了したら下位の部分も終了するようにしています。

この関数はかなり簡潔になっていて、任意の数のチャネルを1つのチャネルにまとめることができます。そしてまとめているチャネルのどれか1つでも閉じたり書き込まれたら、すぐに合成されたチャネルが閉じるようになっています。この関数の使い方を見てみましょう。この例では異なる設定時間を過ぎたら閉じられるチャネルを複数受けとり、それらをor関数を使って最終的に閉じられる1つのチャネルにまとめています。

```
sig := func(after time.Duration) <-chan interface{}{ // ❶
    c := make(chan interface{})
    go func() {
        defer close(c)
        time.Sleep(after)
    }()
    return c
}

start := time.Now() // ❷
<-or(
    sig(2*time.Hour),
    sig(5*time.Minute),
    sig(1*time.Second),
    sig(1*time.Hour),
    sig(1*time.Minute),
)
fmt.Printf("done after %v", time.Since(start)) // ❸
```

❶ この関数は単純にafterで指定された時間が経過したら閉じられるチャネルを生成します。

❷ or関数から返されるチャネルがいつブロックされ始めたかを大まかに追跡します。

❸ チャネルへの読み込みまでにかかった時間を表示します。

このプログラムを実行すると次の結果が表示されます。

```
done after 1.000216772s
```

orを呼び出すときに、閉じるのに様々な時間がかかる複数のチャネルを渡したにもかかわらず、1秒経過後に閉じるチャネルがorの呼び出しで合成されたチャネル全体を閉じた、という結果に注目してください。この結果は、or関数が作る木構造の中で1秒経過後に閉じるチャネルが中程にあるにもかかわらず、そのチャネルが常に最初に閉じるため、依存しているチャネルもまた閉じることによります。

この簡潔な書き方は追加のゴルーチン——$f(x)=\lfloor x/2 \rfloor$という式でxはゴルーチンの数とする——というコストを払って成立していますが、Goの強みの1つはゴルーチンを素早く生成し、スケジュール管理し、実行できることであり、またGo自体も問題を正しく記述するためにゴルーチンを使用することを積極的に推奨しています。ここで生成されるゴルーチンの数を気にするのはおそらく早すぎる最適化でしょう。さらに言えば、コンパイル時に扱うdoneチャネルがいくつあるかわからないのであれば、そもそもほかにdoneチャネルをまとめる方法はないのです。

このパターンは、システム内で複数のモジュールを組み合わせる際の継ぎ目として利用すると便利です。こうした継ぎ目では、コールスタック内でゴルーチンの木構造をキャンセルする条件が複数になる傾向があります。or関数を使うことによって、単純にこれらを組み合わせてコールスタックに伝えます。同様のことを行う他の方法は**4.12 context**パッケージの節で紹介します。これもまた素晴らしい機能で、おそらくより記述的です。

また、このパターンの変形を使ってより複雑なパターンを構成する方法を **5.4 複製されたリクエスト** で紹介します。

4.5　エラーハンドリング

並行処理のプログラムでは、正しくエラーハンドリングをするのが難しいことがあります。ときどき、さまざまなプロセスがどのように情報を共有して協力し合っているのかに考え巡らせることに時間をかけすぎてしまい、エラーが発生した状態を正常に扱う方法について配慮し忘れてしまいます。Goが、人気のある例外処理機構を採用しないことを決めたとき、Goはエラーハンドリングが重要で、プログラムを書くときにはエラーの伝搬について、アルゴリズムを考えるときと同じくらいの注意を払うべきである、と宣言しました[†3]。その精神を踏まえて、複数の並行処理プロセスがある場合に、どうエラーハンドリングすればいいのか見ていきましょう。

エラーハンドリングについて考えるときに最も根本的な疑問は、「誰がそのエラーを処理する責任を持つべきか」です。プログラムはそのエラーの伝搬をコールスタックの途中のどこかで止めて、実際にそのエラーを受けて何かを行う必要があります。こうした作業には何が責任を果たすべきなのでしょうか。

並行処理プロセスでは、この疑問はもう少し複雑になります。並行処理プロセスは、その親や兄弟から独立して処理を実行しているため、そのプロセスがそのエラーに対して何をおこなうのが正しいかを導き出すのが難しくなるからです。この問題の例として、次のコードを見てください。

```
checkStatus := func(
    done <-chan interface{},
    urls ...string,
) <-chan *http.Response {
    responses := make(chan *http.Response)
    go func() {
        defer close(responses)
        for _, url := range urls {
            resp, err := http.Get(url)
            if err != nil {
                fmt.Println(err) // ❶
                continue
            }
            select {
            case <-done:
                return
            case responses <- resp:
            }
```

[†3] 訳注: 詳細はThe Go Blogのエントリ "Errors are values" (https://blog.golang.org/errors-are-values) を参照してください。その日本語訳「エラーは値」がこちらにあります (https://www.ymotongpoo.com/works/goblog-ja/post/errors-are-values/)。

```
        }
    }()
    return responses
}

done := make(chan interface{})
defer close(done)

urls := []string{"https://www.google.com", "https://badhost"}
for response := range checkStatus(done, urls...) {
    fmt.Printf("Response: %v\n", response.Status)
}
```

❶ ゴルーチンが全力を尽くした結果エラーがあることを表示しました。他に何ができるでしょうか。エラーは戻せないのです！エラーはいくつから多すぎることになるのでしょうか。このゴルーチンはHTTPリクエストを発行し続けるのでしょうか。

このコードを実行すると次の結果となります。

```
Response: 200 OK
Get https://badhost: dial tcp: lookup badhost on 127.0.1.1:53: no such host
```

ゴルーチンはこの件に関して選択肢を与えられていないことがおわかりでしょう。単純にエラーを内部でなかったことにするわけにはいかないので、唯一妥当なことをおこなっているだけです。つまり、エラーを表示して、何かがその表示で注意を払ってくれることを期待しているだけです。ゴルーチンをこのように無様な状態にさせてはいけません。ここで提案したいのは、関心事を分けることです。一般的に並行プロセスはエラーを、プログラムの状態を完全に把握していて何をすべきかをより多くの情報に基づいて決定できる別の箇所へと送るべきです。次の例はこの問題の正しい解決策を示しています。

```
type Result struct { // ❶
    Error error
    Response *http.Response
}
checkStatus := func(done <-chan interface{}, urls ...string) <-chan Result { // ❷
    results := make(chan Result)
    go func() {
        defer close(results)

        for _, url := range urls {
            var result Result
            resp, err := http.Get(url)
            result = Result{Error: err, Response: resp} // ❸
            select {
            case <-done:
                return
            case results <- result: // ❹
            }
        }
```

```
        }()
        return results
}

done := make(chan interface{})
defer close(done)

urls := []string{"https://www.google.com", "https://badhost"}
for result := range checkStatus(done, urls...) {
    if result.Error != nil { // ❺
        fmt.Printf("error: %v", result.Error)
        continue
    }
    fmt.Printf("Response: %v\n", result.Response.Status)
}
```

❶ *http.Responseと ゴルーチン内の各繰り返しで発生しうるerrorを囲む型を作ります。
❷ この行は各繰り返しの結果を取得するために読み込まれるチャネルを返します。
❸ ResultのインスタンスをErrorとResponseのフィールドを初期化して作成します。
❹ ここでResultをチャネルに書き込みます。
❺ メインゴルーチン内でcheckStatusで起動されたゴルーチンから発生するエラーを賢く、そしてより大きなプログラムのコンテキストすべてを理解した上で扱えます。

このコードは次のような結果となります。

```
Response: 200 OK
error: Get https://badhost: dial tcp: lookup badhost on 127.0.1.1:53:
no such host
```

ここで触れるべき重要な点は、取得されるであろう結果とエラーを対にするという方法です。この型はcheckStatusというゴルーチンから生成されうる出力のすべてをまとめていて、これによってエラーが発生したときにメインゴルーチンが何をすべきか決定できます。広い視点で見れば、エラーハンドリングの懸念と生産者のゴルーチンを無事に切り分けられたということです。生産者のゴルーチンを生成したゴルーチン——この例の場合はメインゴルーチン——は実行中のプログラムに関してより多くのコンテキストを持っていて、エラーに対してより賢明な判断を下せるので、この状況は望ましいことです。

先の例ではエラーを単純にstdioに出力しましたが、何か他のこともできそうです。少しプログラムを変更して、3つ以上のエラーが発生したら処理を停止して状態を確認できるようにしましょう。

```
done := make(chan interface{})
defer close(done)

errCount := 0
urls := []string{"a", "https://www.google.com", "b", "c", "d"}
for result := range checkStatus(done, urls...) {
    if result.Error != nil {
```

```
        fmt.Printf("error: %v\n", result.Error)
        errCount++
        if errCount >= 3 {
            fmt.Println("Too many errors, breaking!")
            break
        }
        continue
    }
    fmt.Printf("Response: %v\n", result.Response.Status)
}
```

このコードは次のような出力を生成します。

```
error: Get a: unsupported protocol scheme ""
Response: 200 OK
error: Get b: unsupported protocol scheme ""
error: Get c: unsupported protocol scheme ""
Too many errors, breaking!
```

checkStatusからエラーが返されてゴルーチン内で対処されなかったので、エラーハンドリングもGoのよくあるパターンに沿っているのがわかります。これは単純な例ですが、メインゴルーチンが複数のゴルーチンからの結果を取りまとめて、子ゴルーチンを継続させるか中断するかを決めるより複雑なルールを作り上げるような状況も想像に難くありません。繰り返しになりますが、この節での主な教訓は、エラーはゴルーチンから返される値を構築する際の第一級市民として捉えられるべきであるということです。もし今書いているゴルーチンがエラーを生成するのであれば、それらは正常系の結果と強く結びつけて――ちょうど通常の同期関数と同じように――正常系と同じ経路を使って渡されるべきです。

4.6 パイプライン

　あなたがプログラムを書くときは、おそらく1つの長い関数をダラダラと書いているわけではないでしょう――少なくともそうでないことを願っています。関数や構造体、メソッドなどの形で抽象化をおこなうはずです。なぜこうした抽象化をするのでしょうか。理由の一部としては、プログラム全体の流れに影響しない細かな部分を抽出するためです。そして他の理由としてはある領域に取り組む際に他の領域に影響を与えないためです。システムに変更を加えなければならないとき、1つの論理的変更のために複数の領域に手を入れなければならなくなったことはありませんか。それはシステムの抽象化が拙いことが原因かもしれません。
　パイプラインはシステムの抽象化に使える道具の1つです。特に、データストリームやバッチ処理を扱う必要があるときにとても強力な道具です。パイプラインという言葉が初めて使われたのは1856年と言われています。当時は、液体をある場所から別の場所へ移す一連のパイプを指していました。計算機科学でも何か、つまりデータをある場所から別の場所に移しているので、この用語を拝借しまし

た。パイプラインはデータを受け取って、何らかの処理を行って、どこかに渡すという一連の作業にすぎません。これらの操作をパイプラインのステージと呼びます。

　パイプラインを使うことで、各ステージでの懸念事項を切り分けられます。これは多くの利点をもたらします。各ステージを独立して修正することができ、ステージ同士の組み合わせ方をステージの修正とは独立して変更できます。また各ステージでの処理を上流や下流のステージと並行に行えますし、パイプラインでの細かな処理をファンアウトさせたり流量制限をかけたりできます。ファンアウトに関しては **4.7 ファンアウト、ファンイン** で、流量制限に関しては **5章 大規模開発での並行処理** で触れています。いまはこれらの用語が何を意味するかはわからなくても大丈夫です。まずは単純なところからはじめて、パイプラインのステージを構築してみましょう。

　先に述べたように、ステージはデータを受け取って、変形して、どこかにそれを渡すものでしかありません。次の関数はパイプラインのステージと考えられるものです。

```go
multiply := func(values []int, multiplier int) []int {
    multipliedValues := make([]int, len(values))
    for i, v := range values {
        multipliedValues[i] = v * multiplier
    }
    return multipliedValues
}
```

　この関数は整数のスライスと乗数を受け取って、スライスの中身を繰り返しで受け取りながら乗数を掛けていき、結果として新しく作られたスライスを返します。つまらない関数ですよね。それでは別のステージを作りましょう。

```go
add := func(values []int, additive int) []int {
    addedValues := make([]int, len(values))
    for i, v := range values {
        addedValues[i] = v + additive
    }
    return addedValues
}
```

　また退屈な関数です！この関数はただ新しいスライスを作って各要素に値を足していくだけです。ここで、この2つの関数をただ関数としてではなく、どうやってパイプラインのステージにしていくかと考えていることでしょう。それではこの2つの関数をつなげてみましょう。

```go
ints := []int{1, 2, 3, 4}
for _, v := range add(multiply(ints, 2), 1) {
    fmt.Println(v)
}
```

　結果は次のとおりです。

```
3
5
7
9
```

addとmultiplyをどのようにrange節内で組み合わせたかを見てください。これらの関数はみなさんが日常的に使うような関数ですが、ここではパイプラインのステージとしての性質を持つように組み合わせたため、結果パイプラインを形作るように組み合わせることができました。これは興味深いですね。では一体何がパイプラインのステージの性質なのでしょうか。

- ステージは受け取るものと返すものが同じ型である[†4]。
- ステージは引き回せるように具体化されてなければならない。Goにおいて関数は具体化されているため、この目的にうまく適合している[†5]。

関数プログラミングに親しんだ人はうなずきながら、**高階関数やモナド**といった用語を思い浮かべていることでしょう。事実、パイプラインのステージは関数プログラミングと密接に関係していて、モナドのサブセットと考えることもできます[†6]。これ以上モナドや関数プログラミングについて深堀りしませんが、これらの話題はそれだけで興味深いもので、直接必要ないとしても、その知識を身につけることはパイプラインを理解する場合には役立ちます。

addやmultiplyといったステージはパイプラインのステージとしての性質をすべて満たしています。両方共intのスライスを受け取り、intのスライスを返します。そしてGoでは具体化された関数があるので、addやmultiplyを引き回せます。こうした性質が、先に述べたようなパイプラインのステージの面白い性質を引き起こします。つまり、ステージ自体を変更することなく、とても簡単に高水準でステージを組み合わせられるようになるのです。

たとえば、数を二倍するステージをパイプラインへ追加したい場合には、単純に先のパイプラインを新しいmultiplyステージで包んであげればよいのです。次のような形です。

```
ints := []int{1, 2, 3, 4}
for _, v := range multiply(add(multiply(ints, 2), 1), 2) {
    fmt.Println(v)
}
```

このコードを実行すると次のように表示されます。

[†4] 訳注: ここではパイプラインを入れ替える前提の話をしているのでそのように定義していますが、完成形においては前段のステージの戻り値の型と後段のステージの入力の型が一致していれば問題ありません。

[†5] 言語のコンテキストの中で、具体化とは言語が開発者に概念を公開して直接扱えるようにするという意味です。Goの関数はその意味で具体化されています。その理由は、その関数シグネチャの型をもつ変数を定義できるからです。またこれは関数をプログラムの中で変数として渡せることも意味します。

[†6] 訳注: パイプラインの要件がモナド則を必ずしも満たすわけではないので、比喩の一つとして理解するに留めておくべきでしょう。

```
6
10
14
18
```

新しい関数を書くこともなければ、既存の関数を修正することもなく、またパイプラインから得られた結果を修正することもなく期待した結果が得られたことに着目してください。おそらく、パイプラインパターンの利点を理解し始めたことでしょう。もちろん、このコードを手続き的に書くこともできます。

```
ints := []int{1, 2, 3, 4}
for _, v := range ints {
    fmt.Println(2*(v*2+1))
}
```

はじめはこのコードのほうがずっと簡潔に見えますが、本書を読み進めていくにしたがって、手続き的なコードはデータのストリームを処理する際にパイプラインが提供してくれるような利点は提供してくれないことに気がつくでしょう。

各ステージがどのようにデータのスライスを受け取り、どのようにデータのスライスを返したか気が付きましたか。これらのステージはいわゆるバッチ処理をしています。つまり、個別の値を1つずつ処理していくのではなく、データの塊をいっぺんに処理しているのです。パイプラインのステージには他にもストリーム処理と呼ばれる種類があります。これはステージが要素を1つずつ受け取って、1つずつ渡すやり方です。

バッチ処理とストリーム処理を比較するとそれぞれに利点と欠点があります。それについてはもう少ししたらお話します。いまは、元のデータは変更されることなく残り、各ステージでは元データと同じ長さのスライスを新しく作成して計算結果を保存していることに注目してください。これが意味するところは、プログラム内のある瞬間に必要なメモリのフットプリントはパイプラインのはじめに渡したスライスのサイズの倍になるということです。それでは先ほどの例をストリーム指向のものに書き換えて、どういう形になるか見てみましょう。

```
multiply := func(value, multiplier int) int {
    return value * multiplier
}

add := func(value, additive int) int {
    return value + additive
}

ints := []int{1, 2, 3, 4}
for _, v := range ints {
    fmt.Println(multiply(add(multiply(v, 2), 1), 2))
}
```

これは次のような結果となります。

```
6
10
14
18
```

　各ステージは値の受信や送出を個別に行っていて、プログラムでのメモリフットプリントはパイプラインの入力のサイズまで小さくなります。しかし、パイプラインをforループの本体に入れて、パイプラインに値を送り込む重労働をrangeにさせています。この状況は、パイプラインの流し方の再利用を制限するだけでなく、この節の後半で確認するように、スケールの可能性も制限しています。また別の問題もあります。実際には、ループでの繰り返しごとにパイプラインをインスタンス化しています。関数呼び出しのコストは低いですが、ループの繰り返しごとに3回の関数呼び出しを行っています。並行性に関してはどうでしょうか。この節のはじめの方で、私はパイプラインを利用する利点は個別のステージを並行に処理できる点であると呼べました。そしてファンアウトと呼ばれるものの話もしました。そういったものはどこで関係してくるのでしょうか。

　multiplyやaddといった関数をもう少し拡張してこうした概念を説明することもできるでしょうが、先ほどの例はパイプラインの概念を紹介するためのものです。そろそろGoでのパイプライン処理の構築のためにあるベストプラクティスを勉強していきましょう。まずはGoのチャネルを利用したものからです。

4.6.1　パイプライン構築のためのベストプラクティス

　チャネルはパイプラインを構築する上でGoならではの姿に適合しています。なぜなら、チャネルはパイプラインの構築に必要な要件をすべて揃えているからです。チャネルは値を送受信できて、並行処理でも安全に使えて、繰り返し処理で取り出せて、言語によって具体化されています。先の例をチャネルを使って書き換えてみましょう。

```go
generator := func(done <-chan interface{}, integers ...int) <-chan int {
    intStream := make(chan int, len(integers))
    go func() {
        defer close(intStream)
        for _, i := range integers {
            select {
            case <-done:
                return
            case intStream <- i:
            }
        }
    }()
    return intStream
}
```

```
multiply := func(
  done <-chan interface{},
  intStream <-chan int,
  multiplier int,
) <-chan int {
    multipliedStream := make(chan int)
    go func() {
        defer close(multipliedStream)
        for i := range intStream {
            select {
            case <-done:
                return
            case multipliedStream <- i*multiplier:
            }
        }
    }()
    return multipliedStream
}

add := func(
  done <-chan interface{},
  intStream <-chan int,
  additive int,
) <-chan int {
    addedStream := make(chan int)
    go func() {
        defer close(addedStream)
        for i := range intStream {
            select {
            case <-done:
                return
            case addedStream <- i+additive:
            }
        }
    }()
    return addedStream
}

done := make(chan interface{})
defer close(done)

intStream := generator(done, 1, 2, 3, 4)
pipeline := multiply(done, add(done, multiply(done, intStream, 2), 1), 2)

for v := range pipeline {
    fmt.Println(v)
}
```

このコードは次の出力をします。

```
6
10
14
```

18

期待される出力結果が得られたように見えますが、コード量はずっと多くなってしまいました。では一体、その対価として何が得られたのでしょうか。まず、今書いたコードをじっくり見てみましょう。関数が2つではなく3つになりました。どの関数も中でゴルーチンを起動し、そのゴルーチンが終了すべきであるというシグナルを送るチャネルを受け取るという**4.3 ゴルーチンリークを避ける**で説明したパターンを使っています。どの関数もチャネルを返していて、いくつかは追加のチャネルも受け取っています。興味深いですね！さっそく部分ごとに細かく見ていきましょう。

```go
done := make(chan interface{})
defer close(done)
```

まずプログラムで最初に行ったことは`done`チャネルを作り、それに対する`close`を`defer`文で行ったことです。先に話したように、これによってプログラムをきれいに終了し、決してゴルーチンがリークしないようにします。次に`generator`という関数を見てましょう。

```go
generator := func(done <-chan interface{}, integers ...int) <-chan int {
    intStream := make(chan int, len(integers))
    go func() {
        defer close(intStream)
        for _, i := range integers {
            select {
            case <-done:
                return
            case intStream <- i:
            }
        }
    }()
    return intStream
}

// ...

intStream := generator(done, 1, 2, 3, 4)
```

`generator`関数は整数の可変長引数のスライスを受け取り、受け取った整数のスライスと同じ長さの整数のバッファ付きチャネルを作り、ゴルーチンを起動し、作成したチャネルを返します。その後、起動されたゴルーチン上で受け取った可変長引数のスライスを繰り返しで値を取り出し、その値を作成したチャネルに送ります。

作成したチャネルへの送信に関しては`select`文を`done`チャネルと共有することに注意してください。再度になりますが、このパターンはゴルーチンのリークを防ぐために**4.3 ゴルーチンリークを避ける**の節で紹介したものです。

一言で言えば、`generator`関数は個別の値の塊をチャネル上を流れるデータのストリームに変換して

くれるものといえます。こうした類の関数はジェネレーターと呼ばれています。パイプラインを扱っている場合はこうした関数をよく見かけることでしょう。その理由は、パイプラインの始めには常にチャネルへの変換を必要とするデータの塊があるからです。もう少しあとでいくつか面白いジェネレーターの例を見てみますが、まずは先のプログラムの解説を終えてしまいましょう。次にパイプラインを作成します。

```
pipeline := multiply(done, add(done, multiply(done, intStream, 2), 1), 2)
```

このパイプラインは最初に作ったものと同じです。数字のストリームに対して、2倍して、1を足して、その結果をまた2倍します。このパイプラインは先の例で関数を使って実現したものに似ていますが、非常に重要な点で異なっています。

まずチャネルを使っています。自明な話ですが、重要な点です。その理由として、2つのことが可能になるからです。まず1点目は、パイプラインの終わりにrangeを使って値を取り出し、そしてここでの入力値と出力値は並行処理の文脈で安全なので各ステージを安全に並行実行できるようになります。

これによって2点目の違いをもたらします。パイプラインの各ステージが並行に処理されるということは、どのステージにおいても入力値だけを待てば良くなり、すぐに出力を送ることができます。この事実は **4.7 ファンアウト、ファンイン**の節で解説する、重要な分岐点となります。しかしいまはチャネルを使うことで、ある一定時間の中でステージが互いに独立して実行できるようになるということだけ理解しておいてください。

最後に、私たちの例ではこのパイプラインからrangeを使った繰り返し処理で値を取り出します。

```
for v := range pipeline {
    fmt.Println(v)
}
```

次の表はシステム内で各値がどのチャネルに入っているか、そしてチャネルがいつ閉じられたかを模したものです。繰り返しの数はforループで行っているのと同じように0から数え始めていて、各列に入っている値はパイプラインのステージへの入力値です。

イテレーション	Generator	Multiply	Add	Multiply	値
0	1				
0		1			
0	2		2		
0		2		3	
0	3		4		6
1		3		5	
1	4		6		10
2	(closed)	4		7	
2		(closed)	8		14
3			(closed)	9	
3				(closed)	18

ゴルーチンに終了のシグナルを送るパターンの使い方をもう少し詳しく見てみましょう。複数の独立したゴルーチンを扱う場合、このパターンはどのように動作するのでしょうか。プログラムが処理を終える前にdoneチャネルに対してcloseを呼んだらどうなるのでしょうか。

この疑問に答えるために、パイプラインをどう構築したか振り返ってみましょう。

```
pipeline := multiply(done, add(done, multiply(done, intStream, 2), 1), 2)
```

各ステージは2つの方法で接続しています。1つは共通のdoneチャネル、もう1つ後続のステージへ渡すチャネルによってです。後者は平易な言い方をすれば、multiply関数によって生成されてadd関数に渡されるチャネルということです。先の表を再度使って、すべての処理を終わらせずに、途中でdoneチャネルに対してcloseを呼んだらどうなるか見てみましょう。

イテレーション	Generator	Multiply	Add	Multiply	値
0	1				
0		1			
0	2		2		
0		2		3	
1	3		4		6
close(done)	(closed)	3		5	
		(closed)	6		
			(closed)	7	
				(closed)	
					(exit range)

doneチャネルを閉じたことがパイプラインを伝搬しているのがわかりますか。これはパイプラインの各ステージでの2つの要素によって可能になっています。

- 入力値のチャネルに対するrangeで繰り返し処理。入力値のチャネルが閉じると、繰り返し処理は終了する。
- チャネルへの送信の処理がdoneチャネルとselect文を共有している。

パイプラインのステージがどのような状態でも――入力値のチャネルで読み込みを待っているにせよ、送信部分で待っているにせよ――doneチャネルを閉じると、強制的にパイプラインのステージを終了します。

ここで再帰的な処理が行われます。パイプラインの先頭では、一塊の値をチャネルに変換しなければならないと言いました。2つの点において、処理を外部から割り込み可能にしなければならない処理が2つあります。

- 一瞬で作ることができないデータ群の生成
- 個々の値のチャネルへの送信

1点目は実装者次第です。私たちの例のgenerator関数内では、rangeの繰り返し処理で可変長引数のスライスを取得して値のスライスにしていますが、これは十分に速いので処理を割り込み可能にする必要はありません。2点目はselect文とdoneチャネルによって対応されています。この部分があることでintStreamへの書き込み処理がブロックしている場合にもgeneratorを割り込み可能にしています。

パイプラインの終端、最後のステージは帰納的に割り込み可能であることが保証されています。その理由は、割り込みが行われたときにrangeで繰り返しをしているチャネルが止まり、結果としてrangeによる繰り返しが停止します。依存しているストリームが割り込み可能なので最後のステージも割り込み可能なのだと言えます。

パイプラインの先頭と終端の間で、コードは常にチャネルに対してrangeで繰り返し、doneチャネルを含んだselect文内で他のチャネルに対する書き込みを行っています。

ステージが入力値のチャネルからの読み込みによってブロックされているなら、そのチャネルが閉じられたときにブロックから解放されます。帰納的にチャネルが閉じられることになるとわかるのは、今我々がいるステージのように書き込まれる他のステージか、パイプラインの先頭か、いずれかで割り込み可能であることを我々が確認してきたからです。もしステージが値を送信している部分でブロックしていたら、select文のおかげで割り込みとなります。

したがって、パイプライン全体がdoneチャネルを閉じることで常に割り込み可能になります。面白いと思いませんか。

4.6.2 便利なジェネレーターをいくつか

先ほど幅広い場面で便利であろう楽しいジェネレーターについてお話しますと約束しました。繰り返しになりますが、パイプラインのジェネレーターは一塊の値をチャネル上のストリームに変換する関数を指します。それではrepeatと呼ばれるジェネレーターを見てみましょう。

```
repeat := func(
    done <-chan interface{},
    values ...interface{},
) <-chan interface{} {
    valueStream := make(chan interface{})
    go func() {
        defer close(valueStream)
        for {
            for _, v := range values {
                select {
                case <-done:
                    return
                case valueStream <- v:
                }
            }
        }
    }()
    return valueStream
```

}
```

この関数は渡した値をやめと言うまで無限に繰り返します。他のパイプラインのステージで、repeatと組み合わて使うと便利なtakeについて見てみましょう。

```go
take := func(
    done <-chan interface{},
    valueStream <-chan interface{},
    num int,
) <-chan interface{} {
    takeStream := make(chan interface{})
    go func() {
        defer close(takeStream)
        for i := 0; i < num; i++ {
            select {
            case <-done:
                return
            case takeStream <- <- valueStream:
            }
        }
    }()
    return takeStream
}
```

このステージでは入力値のvalueStreamから最初のnum個の要素だけを取り出して終了します。repeatと組み合わせると強力になります。

```go
done := make(chan interface{})
defer close(done)

for num := range take(done, repeat(done, 1), 10) {
    fmt.Printf("%v ", num)
}
```

このコードを実行すると次のような結果となります。

```
1 1 1 1 1 1 1 1 1 1
```

この基本的な例では、1を無限に生成するためにrepeatジェネレーターを使いましたが、最初の10個だけを取得しました。repeatジェネレーターがtakeステージの受信部にデータを送信するので、repeatジェネレーターは非常に効率的です。無限に1を生成する能力はありますが、N+1個の値しか生成しません。ここでNはtakeステージに渡される数字です。

これを拡張してみましょう。別の繰り返しをおこなうジェネレーターですが、今度は関数を繰り返し呼び出すものを作ってみましょう。このジェネレーターはrepeatFnと呼びます。

```go
repeatFn := func(
    done <-chan interface{},
    fn func() interface{},
```
```

```
) <-chan interface{} {
    valueStream := make(chan interface{})
    go func() {
        defer close(valueStream)
        for {
            select {
            case <-done:
                return
            case valueStream <- fn():
            }
        }
    }()
    return valueStream
}
```

このジェネレーターを使って10個の乱数を生成してみましょう。

```
done := make(chan interface{})
defer close(done)

rand := func() interface{} { return rand.Int() }

for num := range take(done, repeatFn(done, rand), 10) {
    fmt.Println(num)
}
```

このコードは次の結果を出力します。

```
5577006791947779410
8674665223082153551
6129484611666145821
4037200794235010051
3916589616287113937
6334824724549167320
605394647632969758
1443635317331776148
8943859491831117216
2775422040480279449
```

これはすごく便利ですね！必要なだけ乱数を生成する無限チャネルです！

ここまででなぜすべてのジェネレーターやステージはinterface{}型のチャネルを送受信しているか疑問に感じたことでしょう。やろうと思えば特定の型を扱う関数やGoジェネレーターを簡単に書けるでしょう。

空インターフェース型はGoでは一種のタブーとされていますが、私の意見ではパイプラインのステージに関して言えば、パイプラインのパターンの標準ライブラリとしてinterface{}型のチャネルを扱うのは問題ないと思います。先にも述べたように、再利用可能なステージによって多くのパイプラインの利便性が得られます。再利用性がもっとも達成されるのは、ステージ自身に見合った度合いで処

理が特化されているときです。repeatやrepeatFnといったジェネレーターでは、関心事はリストをや処理を繰り返してデータのストリームを生成することです。takeステージでは、関心事はパイプラインに制限を加えることです。こうした操作はいずれも扱っている型に関する情報は必要としません。代わりにパラメーターの引数の数の情報のみが必要となります[†7]。

特定の型を扱う場合には、型アサーションをおこなうステージを用意できます。余計なパイプラインのステージ（とそれによるゴルーチン）と型アサーションをおこなうことの性能のオーバーヘッドは、すぐあとで確認するように無視できる範囲です[†8]。次の例はtoStringステージを追加したものです。

```
toString := func(
    done <-chan interface{},
    valueStream <-chan interface{},
) <-chan string {
    stringStream := make(chan string)
    go func() {
        defer close(stringStream)
        for v := range valueStream {
            select {
            case <-done:
                return
            case stringStream <- v.(string):
            }
        }
    }()
    return stringStream
}
```

これは次のように使います。

```
done := make(chan interface{})
defer close(done)

var message string
for token := range toString(done, take(done, repeat(done, "I", "am."), 5)) {
    message += token
}

fmt.Printf("message: %s...", message)
```

このコードは次の結果を生成します。

```
message: Iam.Iam.I...
```

[†7] 訳注: 空インターフェース型の使用に関しては意見が分かれるところですが、プロジェクトなどの閉じた環境では型を明示するのが望ましいでしょう。go generateを用いた汎化の方法を補遺Bに掲載しました。

[†8] 訳注: 以降で型アサーションの性能上のコストに関する議論があり、性能上は問題ないと結論づけていますが、型シグネチャがあることによるコードの可読性におけるメリットや、静的解析によるコンパイル時のエラー検出などの恩恵が受けられないことは留意すべき点でしょう。

それではジェネリックな処理をおこなう性能上のコストは無視できることを示してみましょう。2つのベンチマーク関数を書きます。片方はジェネリックなステージをテストするもの、もう片方は特定の型のステージをテストするものです。

```go
func BenchmarkGeneric(b *testing.B) {
    done := make(chan interface{})
    defer close(done)

    b.ResetTimer()
    for range toString(done, take(done, repeat(done, "a"), b.N)) {
    }
}

func BenchmarkTyped(b *testing.B) {
    repeat := func(done <-chan interface{}, values ...string) <-chan string {
        valueStream := make(chan string)
        go func() {
            defer close(valueStream)
            for {
                for _, v := range values {
                    select {
                    case <-done:
                        return
                    case valueStream <- v:
                    }
                }
            }
        }()
        return valueStream
    }

    take := func(
        done <-chan interface{},
        valueStream <-chan string,
        num int,
    ) <-chan string {
        takeStream := make(chan string)
        go func() {
            defer close(takeStream)
            for i := num; i > 0 || i == -1; {
                if i != -1 {
                    i--
                }
                select {
                case <-done:
                    return
                case takeStream <- <-valueStream:
                }
            }
        }()
        return takeStream
    }
```

```
        done := make(chan interface{})
        defer close(done)

        b.ResetTimer()
        for range take(done, repeat(done, "a"), b.N) {
        }
    }
```

このコードを実行すると次の結果が得られます。

```
BenchmarkGeneric-4              1000000                 2266            ns/op
BenchmarkTyped-4                1000000                 1181            ns/op
PASS
ok                      command-line-arguments          3.486s
```

特定の型のステージのほうが2倍早いですが、単位で言えばごく小さな差です。一般的に、パイプライン上で制約になるのはジェネレーターか計算量が多いステージのどちらかです。repeatやrepeatFnジェネレーターのようにストリームをメモリから生成していないジェネレーターは、おそらくI/Oバウンドになるでしょう。ディスクやネットワークから読み込んでいる場合、ここで示したような性能のオーバーヘッドは大したものではなくなるでしょう。

どこかのステージの計算コストが高ければ、先の性能上のオーバーヘッドは確実にかすむでしょう。まだこのジェネリックな手法が気持ち悪いと感じるのであれば、いつでもジェネレーターを生成するGoジェネレーターを書けます。計算コストが高いステージといえば、その影響をどのように減らせるでしょうか。その影響でパイプライン全体に流量制限がかかってしまわないでしょうか。

この影響を低減させる方法として、ファンアウト、ファンインという技術を紹介します。

4.7　ファンアウト、ファンイン

さて、パイプラインの準備はできました。データはきれいに流れ、組み合わせたステージを通じて変換されます。まるで美しい小川のようです。美しく、緩やかで、流れ…大変です。何故かその流れが緩やか過ぎます。

時折、パイプライン内のあるステージで特に計算量が大きくなることがあります。このようなことが起きた場合、パイプラインでの上流のステージは、その計算量が大きいステージの処理が終わるのを待機してブロックされてしまうでしょう。それだけでなく、パイプライン全体の実行に長い時間がかかってしまいます。これにはどのように対処すればよいのでしょうか。

パイプラインの面白い性質の1つは、実装者によるデータのストリームへの操作を、分割して順序を入れ替えられる「ステージ」の組み合わせにより実現できるところです。パイプラインのステージを複数回使うこともできます。複数のゴルーチンを使って上流のステージから並列に値を引っ張ってこれた

ら面白いと思いませんか。そうすることでおそらくパイプラインの性能も向上するでしょう。

事実、それはできるとわかります。このパターンには名前がついていてファンアウト、ファンインと呼びます。

ファンアウトはパイプラインからの入力を扱うために複数のゴルーチンを起動するプロセスを説明する用語です。そしてファンインは複数の結果を1つのチャネルに結合するプロセスを説明する用語です。

パイプラインのステージでこのパターンを使うべき状況というのは何でしょうか。ステージが次の条件の両方に合致する場合にはファンアウトの利用を考えてみましょう。

- そのステージがより前の計算結果に依存していない。
- 実行が長時間におよぶ。

特に順不同性は重要です。なぜならどのステージが並行処理になっているか、ステージがどの順番で実行されるか、そしてどの順番で値が返されるかに何の保証もないからです。

例を見てみましょう。次の例は素数を発見する非常に非効率なプログラムです。**パイプライン**の節で作った多くのステージを使用します。

```
rand := func() interface{} { return rand.Intn(50000000) }

done := make(chan interface{})
defer close(done)

start := time.Now()

randIntStream := toInt(done, repeatFn(done, rand))
fmt.Println("Primes:")
for prime := range take(done, primeFinder(done, randIntStream), 10) {
    fmt.Printf("\t%d\n", prime)
}

fmt.Printf("Search took: %v", time.Since(start))
```

実行結果は次のとおりです。

```
Primes:
    24941317
    36122539
    6410693
    10128161
    25511527
    2107939
    14004383
    7190363
    45931967
    2393161
Search took: 23.437511647s
```

乱数のストリームを生成して、上限を50,000,000（5千万）に設定し、そのストリームを整数のストリームに変換して、それをprimeFinderステージに渡しています。primeFinderはナイーブに、ある値を入力のストリーム内のそれ以下の値で割ります。もし割れなければその値を次のステージに渡します。この方法は確実に素数を見つけるにはひどい方法ですが、先に言ったような長い時間がかかる処理としては適しています。

forループでは見つかった素数をrangeで繰り返し取得して、入力があるたびに表示します。そして——takeステージのおかげで——10個の素数が見つかったらパイプラインを閉じます。そして検索にどれくらいの時間がかかったかを表示して、defer文によってdoneチャネルが閉じられて、パイプラインが終了します。

結果の重複を避けるため、パイプラインに新たなステージを追加して、見つけた素数をセットの中にキャッシュすることもできますが、説明を簡単にするためにここでは省略します。

10個の素数を見つけるためにおよそ23秒かかったことがわかります。いい結果ではありません。通常、まずアルゴリズムを見て、アルゴリズムクックブックか何かを手にとって、各ステージで改善できる点がないかを確認します。しかし、この例では遅いステージの取り扱いをどうするかという部分を見たいので、かわりに1つ以上のステージをファンアウトさせて、遅い処理をより速くする方法を見てみましょう。

この例は比較的単純で、たった2つのステージしかありません。1つめは乱数生成、2つめは素数のふるいです。大きなプログラムではパイプラインはもっと多くのステージから構成されることでしょう。それでは、どのようにしてどのステージでファンアウトすべきか判断すればよいのでしょうか。以前にも述べた基準を思い出しましょう。順不同性と処理時間の長さです[†9]。この例での乱数生成器は確実に順不同です。しかし実行にはそれほど長い時間はかかりません。primeFinderステージもまた順不同です——素数かそうでない数字しかなく——そしてこの例では実装がナイーブなため、実行には長時間かかります。こちらはファンアウトの良い例になりそうです。

幸いにも、パイプラインのステージをファンアウトさせる手順は驚くほど簡単です。やらなければならないのはそのステージを複数起動するということだけです。つまり、このように起動するのではなく

```
primeStream := primeFinder(done, randIntStream)
```

次のように起動します。

```
numFinders := runtime.NumCPU()
finders := make([]<-chan int, numFinders)
for i := 0; i < numFinders; i++ {
    finders[i] = primeFinder(done, randIntStream)
}
```

[†9] 訳注: 処理時間の長さについては計測するしかありません。**補遺A**のpprofとtraceの節を参照してください。

ここで、このステージのコピーをCPUのコア数だけ起動しています。私のマシンではruntime.NumCPU()は8でしたので、今後の議論ではこの数を使っていきます。本番環境では最適なCPUコア数を決定するためにちょっとした実証テストをおこなうでしょうが、この例では単純化のためと、CPUは1つのfindPrimesステージのコピーで使い果たされるという想定のために、利用するコア数は8とします。

前置きが長くなりましたが以上です！これで8つのゴルーチンが乱数ジェネレーターから値を取得し、その数が素数かどうかの判定を試みます。乱数の生成にはさほど時間がかからないので、findPrimesの各ゴルーチンがその数が素数かどうかを判定でき、その後すぐに別の乱数の判定に移れます。

しかしながらまだ問題があります。8つのゴルーチンがありますが、チャネルも8つあります。しかし、素数を表示する際には1つのチャネルのみに対してrangeの繰り返し処理でデータを取り出すことを想定しています。そこで、このパターンでのファンインの部分が登場します。

先に議論したように、ファンインというのはマルチプレキシング、つまり複数のデータのストリームを、単一のストリームに統合することを意味します[†10]。そのアルゴリズムは比較的単純です。

```
fanIn := func(
    done <-chan interface{},
    channels ...<-chan interface{},
) <-chan interface{} { // ❶
    var wg sync.WaitGroup // ❷
    multiplexedStream := make(chan interface{})

    multiplex := func(c <-chan interface{}) { // ❸
        defer wg.Done()
        for i := range c {
            select {
            case <-done:
                return
            case multiplexedStream <- i:
            }
        }
    }

    // すべてのチャネルからselectする
    wg.Add(len(channels)) // ❹
    for _, c := range channels {
        go multiplex(c)
    }
```

[†10] 訳注: 本書ではこのように定義していますが、信号処理の場合マルチプレキシング(多重化)は複数の情報をまとめて、単一の共有した経路で転送を行うことを指します。その際、経路の先で複数の情報を分離して取り出せること(逆多重化)が重視されます。本文のこの部分では、単純に複数の経路から来る同質な情報を単一の経路にまとめるという意味になっているので、その違いは認識すべきでしょう(ゴルーチンのOSスレッドへの対応に関しては本来の意味で使われています)。

```
    // Wait for all the reads to complete
    go func() { // ❺
        wg.Wait()
        close(multiplexedStream)
    }()

    return multiplexedStream
}
```

❶ 本書で標準的に使っているdoneチャネルによってゴルーチンを終了できるようにします。そして、interface{}チャネル型の可変長引数のスライスをファンインします。

❷ この行ではsync.WaitGroupを作成して、すべてのチャネルからデータをすべて吸い出すまで待機できるようにします。

❸ muliplex関数を作ります。この関数はチャネルを渡されると、そのチャネルから読み込みを始め、読み取った値をmultiplexedStreamチャネルに渡します。

❹ この行ではsync.WaitGroupをマルチプレキシングするチャネルの数だけインクリメントします。

❺ マルチプレキシングしているすべてのチャネルからデータが読み出されるのを待機するゴルーチンを作成して、multiplexedStreamチャネルを閉じられるようにします。

手短に言えば、ファンインは消費者の読み込み先となるマルチプレキシングしたチャネルを作成し、その後入力値となるチャネル各々に対しゴルーチンを起動し、入力値となるゴルーチンがすべて閉じられたら多重化したチャネルを閉じるためのゴルーチンを1つ起動します。N個のゴルーチンを待つゴルーチンを作成するため、sync.WaitGroupを作って協調させるのは理にかなっています。またmulitplex関数はそのWaitGroupに読み込みが終了したことを知らせます。

追加のリマインダー

ファンインとファンアウトのアルゴリズムのナイーブな実装は結果の順番が重要でない場合にのみにうまく動作します。randIntStreamから読み込まれた要素の順序が素数判定の篩を通過する際にも同じである保証はありません。後ほど、順序を維持する方法の例を見てみましょう。

これらをすべてまとめて実行時間が削減できるか見てみましょう。

```
done := make(chan interface{})
defer close(done)

start := time.Now()
```

```
rand := func() interface{} { return rand.Intn(50000000) }

randIntStream := toInt(done, repeatFn(done, rand))

numFinders := runtime.NumCPU()
fmt.Printf("Spinning up %d prime finders.\n", numFinders)
finders := make([]<-chan interface{}, numFinders)
fmt.Println("Primes:")
for i := 0; i < numFinders; i++ {
    finders[i] = primeFinder(done, randIntStream)
}

for prime := range take(done, fanIn(done, finders...), 10) {
    fmt.Printf("\t%d\n", prime)
}

fmt.Printf("Search took: %v", time.Since(start))
```

結果は次のとおりです。

```
Spinning up 8 prime finders.
Primes:
    6410693
    24941317
    10128161
    36122539
    25511527
    2107939
    14004383
    7190363
    2393161
    45931967
Search took: 5.438491216s
```

約23秒だった処理時間を約5秒まで削減できました。悪くない結果ですね！この例はファンアウト、ファンインのパターンの利点をはっきりと示しています。そしてパイプラインの実用性を再度示してくれています。この例ではプログラムの構造を抜本から変更することなく実行時間を約78%削減しました。

4.8 or-doneチャネル

　システムの完全に異なる部分から受け取ったチャネルを扱う場合があります。パイプラインと違い、書いているコードがdoneチャネル経由でキャンセルされた場合に受け取ったチャネルがどのように振る舞うかを判断できません。つまり、ゴルーチンがキャンセルされたという事実が、読み込み先のチャネルがキャンセルされたという意味にならないかもしれないのです。このような理由から、**4.3 ゴルーチンリークを避ける**で述べたように、doneチャネルも条件に入っているselect文で読み込み先のチャ

ネルを囲む必要があります。これは完璧にうまく行きますが、そうすると次のように読みやすかったコードが

```
for val := range myChan {
    // valに対して何かする
}
```

次のように膨れ上がります。

```
loop:
for {
    select {
    case <-done:
        break loop
    case maybeVal, ok := <-myChan:
        if ok == false {
            return // あるいはforからbreakするとか
        }
        // valに対して何かする
    }
}
```

このコードは途端に賑やかしくなります——特にネストしたループがある場合にはなおさらです。早すぎる最適化ではなく、並行処理のコードをよりすっきりと書くためにゴルーチンを使うという点をさらに進めると、ゴルーチンを1つ使うことでこの煩雑なコードを直すことができます。この冗長な状況をカプセル化して、他の人が触らないで済むようにするのです。

```
orDone := func(done, c <-chan interface{}) <-chan interface{} {
    valStream := make(chan interface{})
    go func() {
        defer close(valStream)
        for {
            select {
            case <-done:
                return
            case v, ok := <-c:
                if ok == false {
                    return
                }
                select {
                case valStream <- v:
                case <-done:
                }
            }
        }
    }()
    return valStream
}
```

こうすることで、次のように再び単純なforループで書き表せるようになります。

```
for val := range orDone(done, myChan) {
    // valに対して何かする
}
```

コードを書いていると、select文を連続して書くようなループが必要になる特異な場合がありますが、まずは可読性を上げられるように努めて、早すぎる最適化を避けることをおすすめします。

4.9　teeチャネル

ときにはチャネルからのストリームを2つに分け、同じ値を2つの異なる場所で使わせたいと思うことがあるでしょう。たとえばユーザーの入力したコマンドのストリームを想像してください。そこではユーザーの入力したコマンドをチャネルの入力として受け取り、そのコマンドを実行するものと後に検査するためにコマンドを記録するもの、それぞれに送りたいとします。

Unix系システムでのteeコマンドにあやかった名前の*tee*チャネルがこれを実現してくれます。teeチャネルには読み込み元のチャネルを渡し、同じ値を持つ2つの異なるチャネルを返します。

```
tee := func(
    done <-chan interface{},
    in <-chan interface{},
) (_, _ <-chan interface{}) {
    out1 := make(chan interface{})
    out2 := make(chan interface{})
    go func() {
        defer close(out1)
        defer close(out2)
        for val := range orDone(done, in) {
            var out1, out2 = out1, out2 // ❶
            for i := 0; i < 2; i++ { // ❷
                select {
                case out1<-val:
                    out1 = nil // ❸
                case out2<-val:
                    out2 = nil // ❸
                }
            }
        }
    }()
    return out1, out2
}
```

❶ 2つのチャネルのコピー変数としてout1とout2という2つのローカル変数を用意します。

❷ 1つのselect文を使ってout1とout2への書き込みがお互いにブロックしないようにします。両方のチャネルに確実に書き込まれるように、select文を2回繰り返します。

❸ チャネルへの書き込みが終わったら、コピー変数にnilを代入して、それ以降の書き込みをブロッ

クしてもう片方のチャネルへの書き込みができるようにします。

out1とout2への書き込みは強く紐付いていることに注意してください。inに対する繰り返しの読み込みはout1とout2の書き込みが終わらない限り進みません。通常、各チャネルからの読み込んでいるプロセスのスループットはteeコマンド以外の何かの影響が大きいのでこのことは問題になりませんが、理解しておく価値はあります。teeチャネルを使った例を簡単に載せておきます。

```
done := make(chan interface{})
defer close(done)

out1, out2 := tee(done, take(done, repeat(done, 1, 2), 4))

for val1 := range out1 {
    fmt.Printf("out1: %v, out2: %v\n", val1, <-out2)
}
```

このパターンを使うことで、チャネルをシステムの接続点として使いつづけることが容易になります。

4.10　bridgeチャネル

状況によっては、チャネルのシーケンスから値を消費したいと思うことがあるでしょう。

```
<-chan <-chan interface{}
```

これは**4.4 or チャネル**や**4.7 ファンアウト、ファンイン**で見てきたようなチャネルのスライスを1つのチャネルにまとめるのとは少し違います。チャネルのシーケンスでは、複数のリソースからであっても書き込み順を提示します。1つの例としては、寿命が断続的なパイプラインステージの場合です。**4.1 拘束**で紹介したパターンにしたがって、チャネルがそこに書き込むゴルーチンによって所有されている場合、パイプラインのステージが新しいゴルーチンで再起動するたびに、新しいチャネルが作られます。これは確かにチャネルのシーケンスを持っているような状況です。このシナリオについては**5.6 不健全なゴルーチンを直す**で詳しく紹介します。

消費者としては、コードの中で値がチャネルのシーケンスから来ているという事実を気にしないでしょう。その場合、チャネルのチャネルを扱うのは面倒です。かわりに、チャネルのチャネルを崩して単一のチャネルにする――チャネルのブリッジングと呼ばれる技――関数を定義します。この関数のおかげで、消費者が目の前にある問題にずっと集中しやすくなります。その方法を次のコードでお見せしましょう。

```
bridge := func(
    done <-chan interface{},
    chanStream <-chan <-chan interface{},
) <-chan interface{} {
    valStream := make(chan interface{}) // ❶
```

```
    go func() {
        defer close(valStream)
        for { // ❷
            var stream <-chan interface{}
            select {
            case maybeStream, ok := <-chanStream:
                if ok == false {
                    return
                }
                stream = maybeStream
            case <-done:
                return
            }
            for val := range orDone(done, stream) { // ❸
                select {
                case valStream <- val:
                case <-done:
                }
            }
        }
    }()
    return valStream
}
```

❶ これはbridgeからすべての値を返すチャネルです。
❷ このループはchanStreamからチャネルを剥ぎ取り、ネストされたループに渡します。
❸ このループは渡されたチャネルから値を読み込みvalStreamにその値を渡す役割を担います。ループに使っているチャネルが閉じられると、そのチャネルからの読み込みをしているループを終了させて、外側のループの次のイテレーションに移り、読み込む先のチャネルを取り出します。これにより値を途切れることなく取得できます。

このコードは非常に実直な実装です。これでbridgeを使って、チャネルのチャネルを単一のチャネルのように見せかけられます。次の例は10個のチャネルの列を作って、それぞれのチャネルに要素を1つだけ書き込み、それらのチャネルをbridge関数に渡します。

```
genVals := func() <-chan <-chan interface{} {
    chanStream := make(chan (<-chan interface{}))
    go func() {
        defer close(chanStream)
        for i := 0; i < 10; i++ {
            stream := make(chan interface{}, 1)
            stream <- i
            close(stream)
            chanStream <- stream
        }
    }()
    return chanStream
}
```

```
for v := range bridge(nil, genVals()) {
    fmt.Printf("%v ", v)
}
```

このコードを実行すると次のようになります。

```
0 1 2 3 4 5 6 7 8 9
```

bridgeのおかげで、チャネルのチャネルを1つのrangeを使った繰り返しで扱え、繰り返し処理の中のロジックに集中できます。チャネルのチャネルを崩すことで、その値を扱う問題のみをコードにすれば良くなります。

4.11 キュー

パイプラインの処理が追いついていなくても、処理すべき仕事を受け付けるのが役に立つことがときどきあります。この処理は**キュー**（待ち行列）と呼ばれます。

つまりあるステージでの処理が終わったとき、メモリに一時的にその結果を保存して、あとで他のステージがそれを取得できるようにし、先のステージが値を参照し続けないで済むようにします。3.3 チャネルの節で、バッファ付きチャネルについて話しました。これは一種のキューです。しかしバッファ付きチャネルをここまでの例であまり使って来ませんでした——それにはちゃんとした理由があるのです。

システムにキューを導入するのはとても便利なのですが、通常これはプログラムを最適化する際の最後に導入すべき技術です。キューの導入が早すぎると、デッドロックやライブロックなどといった同期に関する問題を隠してしまいます。また、プログラムが正確なものに近づくにつれ、多かれ少なかれキューが必要だとわかるでしょう。

ではキューは何に役立つのでしょうか。その疑問に関しては、人々がシステムの性能を調整する際に犯す、性能の懸念に対応しようとしてキューを導入するというよくある誤りについて触れることで答えましょう。キューはプログラムの合計の実行時間はほとんど改善させません。プログラムに違った振る舞いをさせるだけです。

その理由を理解するために、次の単純なパイプラインを見てみましょう。

```
done := make(chan interface{})
defer close(done)

zeros := take(done, 3, repeat(done, 0))
short := sleep(done, 1*time.Second, zeros)
long := sleep(done, 4*time.Second, short)
pipeline := long
```

このパイプラインは4つのステージをつなげています。

❶ 0を無限に生成するrepeatのステージ
❷ 3つの要素を取得したら前のステージをキャンセルするステージ
❸ 1秒スリープする"short"ステージ
❹ 4秒スリープする"long"ステージ

この例を出した目的に沿って、ステージ1と2は瞬間的に終わると想定し、スリープするステージがパイプラインの実行時間にどのように影響を及ぼすかにだけ注目してみましょう。

この表は時間tと繰り返しiを調べていて、"long"と"short"の各ステージがそれぞれ次の値に移るまでどれくらいの時間がかかるかを示しています。

時間(t)	i	Longステージ	Shortステージ
0	0		1s
1	0	4s	1s
2	0	3s	(blocked)
3	0	2s	(blocked)
4	0	1s	(blocked)
5	1	4s	1s
6	1	3s	(blocked)
7	1	2s	(blocked)
8	1	1s	(blocked)
9	2	4s	(close)
10	2	3s	
11	2	2s	
12	2	1s	
13	3	(close)	

このパイプラインは実行におよそ13秒かかることがわかりました。"short"ステージは完了までに9秒かかります。

このパイプラインでバッファを持たせるようにしたらどうなるでしょうか。同じパイプラインにキャパシティ2のバッファを"long"と"short"のステージの間に持たせてどうなるか見てみましょう。

```
done := make(chan interface{})
defer close(done)

zeros := take(done, 3, repeat(done, 0))
short := sleep(done, 1*time.Second, zeros)
buf := buffer(done, 2, short)     // bufferはshortから2つずつ送る
long := sleep(done, 4*time.Second, buf)
pipeline := long
```

実行時間の計測結果がこちらです。

時間(t)	i	Longステージ	バッファ	Shortステージ
0	0		0/2	1s
1	0	4s	0/2	1s
2	0	3s	1/2	1s
3	0	2s	2/2	(close)
4	0	1s	2/2	
5	1	4s	1/2	
6	1	3s	1/2	
7	1	2s	1/2	
8	1	1s	1/2	
9	2	4s	0/2	
10	2	3s	0/2	
11	2	2s	0/2	
12	2	1s	0/2	
13	3	(close)		

パイプライン全体として依然として13秒かかっています！しかし、"short"ステージの実行時間を見てください。最初の例では9秒かかっていたものがたった3秒で終わりました。このステージの実行時間を3分の2も削減しました！しかしながらパイプライン全体で依然として13秒かかっているのだとしたら、何をすれば改善できるのでしょうか。

次のパイプラインを考えてみましょう。

```
p := processRequest(done, acceptConnection(done, httpHandler))
```

このパイプラインはキャンセルされるまで終了しません。接続を受け入れているステージはパイプラインがキャンセルされるまで受け入れを停止しません。このシナリオではprocessRequestステージがacceptConnectionステージをブロックしているために、プログラムへの接続がタイムアウトしてしまうという事態は避けたいでしょう。acceptConnectionステージはできる限りブロックしてほしくないはずです。さもなければ、プログラムのユーザーはある瞬間以降のリクエストがすべて拒否されてしまうのを見ることになるでしょう。

キューを導入することの利点は何かという問いに対する答えは、ステージの実行時間が減ることではなく、ステージがブロック状態になっている時間が短くなることです。これによってステージが処理を続けられます。この例では、ユーザーはリクエストに対して時間差を体感することになると思いますが、サービスへのリクエストまで拒否されることはないでしょう。

このようにキューの真の実用性というのは、あるステージの実行時間が他のステージの実行時間に影響を与えないようにステージを分離することにあります。このような形でステージを分離することで、全体としてシステムの実行時の挙動を変化させることになります。これはシステムに応じて、良い影響も悪い影響も与える可能性があります。

キューの実用性がわかったところで、今度はキューのチューニングに関する疑問が湧いてきます。キューはどこに置くべきなのでしょうか。バッファのサイズはどう設定すべきでしょう。これらの疑問

に対する答えはパイプラインの性質に依存します。

　キューがシステム全体の性能を向上させうる状況を分析していってみましょう。これが当てはまる状況は次の2つだけです。

- ステージ内でのバッチによるリクエストが時間を節約する場合
- ステージにおける遅延がシステムにフィードバックループを発生させる場合

　最初の状況の一例は送信先（例：ディスク）よりも速いもの（例：メモリ）からの入力をバッファするステージです。これはもちろん、Goのbufioパッケージとしての目的そのものです。次の例では、バッファありとバッファなしのキューへの書き込みを比較しています。

```go
func BenchmarkUnbufferedWrite(b *testing.B) {
    performWrite(b, tmpFileOrFatal())
}

func BenchmarkBufferedWrite(b *testing.B) {
    bufferredFile := bufio.NewWriter(tmpFileOrFatal())
    performWrite(b, bufio.NewWriter(bufferredFile))
}

func tmpFileOrFatal() *os.File {
    file, err := ioutil.TempFile("", "tmp")
    if err != nil {
        log.Fatal("error: %v", err)
    }
    return file
}

func performWrite(b *testing.B, writer io.Writer) {
    done := make(chan interface{})
    defer close(done)

    b.ResetTimer()
    for bt := range take(done, repeat(done, byte(0)), b.N) {
        writer.Write([]byte{bt.(byte)})
    }
}
```

```
go test -bench=. src/concurrency-patterns-in-go/queuing/buffering_test.go
```

このベンチマークを実行した結果は次のとおりです。

```
BenchmarkUnbufferedWrite-8      500000                  3969            ns/op
BenchmarkBufferedWrite-8        1000000                 1356            ns/op
PASS
ok                              command-line-arguments  3.398s
```

　予想したとおりバッファありのほうがバッファなしに比べて書き込みが速くなっています。これは

bufio.Writerの中で書き込みに十分な量が蓄積されるまで書き込みが内部的にバッファに待ち合わせて、その後まとめて書き込まれるためです。この処理はしばしば見たとおりチャンキングと呼ばれます。

チャンキングのほうが速い理由はbytes.Bufferはデータを保存しておくためのメモリサイズを大きくしないといけないためです[†11]。さまざまな理由から、メモリサイズを大きくするのはコストの高い処理です。それゆえにメモリサイズを大きくする回数が少なくなるほど、システム全体としてはより効率的になります。したがって、キューがシステム全体の性能を向上させます。

これは単純なインメモリのチャンキングの例に過ぎませんが、実際にプログラムでも頻繁にチャンキングに遭遇するでしょう。通常、オーバーヘッドを必要とする処理をおこなうときはいつでもチャンキングはシステムの性能を向上させるでしょう。例としては、データベースのトランザクションを開く、メッセージのチェックサムを計算する、メモリで連続する空間を確保する、などがあります。

チャンキング以外にも、アルゴリズムが後読みや順序付けをサポートすることで最適化できる場合にもキューが役立ちます。

2つめのシナリオである、ステージでの遅延がパイプラインにより多くの入力を発生させてしまう状況は、すこし見分けるのが難しいですが、1つめのシナリオよりも重要です。その理由は、この状況は上流のシステムを全体的に崩壊させる可能性があるからです。

この考え方は、しばしばネガティブフィードバックループ、下方スパイラル、あるいはデススパイラルとさえ呼ばれます。これはパイプラインと上流のシステムの間に再帰的な関係がある場合に発生します。たとえば上流のステージやシステムが送信する新しいリクエストの割合がパイプラインの効率になんらかの形で影響している場合です。

パイプラインの効率が一定の致命的な閾値を下回った場合には、パイプラインの上流のシステムはパイプラインへの入力値を増やし始め、それによってパイプラインの効率が悪くなり、デススパイラルが始まります。何かしらのフェイルセーフ機構なしにはパイプラインを使っているシステムは決して回復しません。

パイプラインの入口にキューを導入することで、リクエストに対する時間差を発生させるかわりにフィードバックループを崩します。パイプラインの呼び出し元から見た場合、リクエストは処理されているように見えますが、非常に長い時間がかかります。呼び出し元がタイムアウトしなければ、パイプラインは安定したままでしょう。呼び出し元がタイムアウトしたら、キューから取り出す際に呼び出し元が用意できているかを確実に確認する何かしらの対応をしている必要があります。さもなければ、死んだリクエストを処理することで気付かずにフィードバックループを形成してしまい、それによってパイプラインの効率を下げてしまいます。

[†11] 訳注:バッファありとバッファなしの速度の違いはシステムコールの呼び出し回数が異なるからです。

> ## デススパイラルを目撃したことがありますか
>
> 何か目新しい刺激的なシステムが初めてオンラインで見られるようになったときに、それにアクセスした経験はありますか（例：新しいゲームサーバー、新製品のウェブサイトなど）。そして、そのサイトが開発者の最善の努力も虚しく、アクセス不能な状態が続いている状況を経験したことがありますか。おめでとうございます！おそらくあなたはネガティブフィードバックを目撃したことになります。
>
> 相変わらず開発チームの誰かがキューが必要であると気づくまで別の対応を試みて、急遽キューが実装されるのです。
>
> そして顧客はキューにかかる時間に文句を言い始めるのです！

先の例からパターンが見えてきます。キューは次のどちらかで実装をされるべきです。

- パイプラインの入口
- バッチ処理によって効率的になるステージの中

キューをどこにでも——たとえば計算コストが高いステージの後などに——置きたくなる誘惑に駆られるかもしれませんが、その誘惑を振り切ってください！いま書いたように、キューがパイプラインの実行時間を減らせるのはほんの2、3の状況しかありません。そして回避策としてキューをそこらじゅうに書いてしまうと、悲惨な結果になりえます。

キューが適した状況が2つしかないというのは、はじめは直感的ではありません。その理由を理解するために、パイプラインのスループットについての議論をしなければなりません。心配しないでください、そんなに難しい話ではありません。またこれを理解することでキューの大きさをどう決定すべきかという疑問にも答えられるようになります。

キュー理論にはパイプラインのスループットを予測する法則があります。この理論には十分な裏付けもあります。この理論はリトルの法則と呼ばれています[†12]。そしてこの法則を理解して利用するためには、ほんの2、3の事柄を知る必要があるだけです。

最初にリトルの法則を代数的に定義しましょう。リトルの法則はよく $L = \lambda W$ として表現されます。このとき

- L = システムの平均ユニット数
- λ = ユニットの平均の到達率

---

†12 訳注: Little, J. D. C. "A Proof for the Queuing Formula: L = λ W", Operations Research 9 (3): 383-387

- W= ユニットのシステム内での平均滞在時間

この式はいわゆる安定したシステムにのみ適用できます。パイプラインの中で、安定したシステムは仕事がパイプラインに入る、すなわち流入の速度とパイプラインから出る、すなわち流出の速度が等しくなります。もし流入の速度が流出の速度を上回ってしまった場合、システムは不安定になり、デススパイラルに突入します。流入の速度が流出の速度を下回った場合も、やはり不安定なシステムにはなりますが、結果としては計算リソースを使い切れないだけです。最悪の状況ではありませんが、規模が膨大になると（例：クラスターやデータセンター）この問題を気にかけることになるでしょう。

ここでは私たちのパイプラインは安定だとしましょう。ユニットのシステム内での平均滞在時間 W を n 分の 1 に減らしたいときは、1 つの選択肢しかなく、システム内の平均のユニット数を減らすしかありません。つまり $L/n = \lambda * W/n$ とします。そして、システム内の平均のユニット数の低減は流出の速度を上げないと達成できません。また、ステージにキューを追加すると L を追加することになり、これによってユニットの到達率（$nL = n\lambda * W$）またはユニットのシステム内で滞在時間（$nL = \lambda * nW$）を増やすことになることに注意してください。リトルの法則を通して、キューはシステムの実行時間を減らす助けにはならないことを証明しました。

また、パイプライン全体を観察しているので、W を n 分の 1 に減らすのはパイプラインのすべてのステージを通して分散されることに気をつけてください。私たちの例では、リトルの法則は次のように定義できます。

$$L = \lambda \sum_i W_i$$

これはパイプラインが最も遅いステージに律速となるということの言い換えです。どこもかしこも最適化しなければなりません！

リトルの法則は素敵ですね！この単純な等式がパイプラインのさまざまな角度からの分析を可能にしてくれています。リトルの法則を使っていくつか面白い疑問を考えてみましょう。以後の分析ではパイプラインには 3 つのステージが存在すると仮定します。

パイプラインが処理できる 1 秒あたりのリクエスト数はいくつか決定してみましょう。パイプラインに対してサンプリングをできるようにしたと仮定して、1 つのリクエスト（r）がパイプラインを通過するのに 1 秒かかるとわかったとしましょう。これらの数字を当てはめていきます！

```
3r = λ r/s * 1s
3r/s = λ r/s
λ r/s = 3r/s
```

パイプラインの各ステージでリクエストに関する処理をしているので L は 3 としました。その後 W を 1 秒にして、少し計算をすると、ほら見てください！このパイプラインでは、秒間に 3 つのリクエストを

さばけます。

あるリクエスト数を処理するために必要なキューの大きさはどう決定したら良いのでしょうか。リトルの法則はその答えを導いてくれるのでしょうか。

サンプリングの結果、リクエストが1ミリ秒で処理されたとします。秒間100,000リクエストを扱うにはキューの大きさをどの位にしたら良いでしょうか。再度、数字を当てはめていきましょう！

Lr-3r = 100,000r/s * 0.0001s
Lr-3r = 10r
Lr = 7r

ここでもパイプラインには3つのステージがあるので、Lから3を引きました。λを100,000リクエスト毎秒で設定したところ、この多くのリクエストを扱うにはキューのキャパシティを7にすべきだとわかります。このキューの大きさを増やすにつれて、ある仕事がシステムを通過するまでにかかる時間が長くなることは覚えておいてください！システムの実用性と時間差を天秤にかけているのです。

リトルの法則が分析に使えないのは失敗を扱う場合です。なんらかの理由でパイプラインがパニックしたときに、キュー内のすべてのリクエストを失ってしまうことには留意しておいてください。リクエストを再生成するのが難しかったり、二度とできないような場合にはこれを防がなければなりません。こうしたことを防ぐために、キューの大きさをゼロにしたり、あるいは永続キューに移行しても良いでしょう。永続キューは単純にどこかに永続化されたキューのことで、あとで必要があれば値を取り出せるようになっています。

キューはシステム内で便利ですが、その複雑さゆえに、私はふだん実装する際には最適化の最後の手段として提案します。

4.12　contextパッケージ

これまで見てきたように並行処理のプログラムではタイムアウトやキャンセル、あるいはシステムの別の箇所での失敗により、しばしば中断をする必要があります。これまでにdoneチャネルを作るというようなイディオムを見てきました。doneチャネルはプログラム全体を流れ、ブロックしている並行処理をすべてキャンセルします。このイディオムはうまくいくこともありますが、ある程度制限もされています。

単純なキャンセルの通知に付随して追加の情報も伝達できると便利そうです。たとえば、キャンセルが発生した理由や、関数の処理を終わらせるべきデッドライン（Deadline）があるか、などです。

doneチャネルをこれらの情報を含めて囲む需要はどのような規模のシステムにおいても非常によくあるとわかり、Goの作者たちはその標準的なパターンを作ることに決めました。はじめはGoの標準

ライブラリの外で実験的に作られましたが[13]、Go 1.7でcontextパッケージが標準ライブラリに追加され、これを並行なコードを扱う際に考慮すべき標準的なGoのイディオムとしました。

contextパッケージの中を覗いてみると、作りが非常に単純であることがわかります。

```go
var Canceled = errors.New("context canceled")
var DeadlineExceeded error = deadlineExceededError{}

type CancelFunc
type Context

func Background() Context
func TODO() Context
func WithCancel(parent Context) (ctx Context, cancel CancelFunc)
func WithDeadline(parent Context, deadline time.Time) (Context, CancelFunc)
func WithTimeout(parent Context, timeout time.Duration) (Context, CancelFunc)
func WithValue(parent Context, key, val interface{}) Context
```

これらの型や関数についてはすぐあとで触れますが、いまはContext型に注目しましょう。この型はdoneチャネルのようにシステム内を流れます。contextパッケージを使う場合には並行処理の呼び出し元の最上位より下流の各関数はContextを第1引数として受け取ります。Context型は次のような定義になっています。

```go
type Context interface {

    // Deadline returns the time when work done on behalf of this
    // context should be canceled. Deadline returns ok==false when no
    // deadline is set. Successive calls to Deadline return the same
    // results.
    Deadline() (deadline time.Time, ok bool)

    // Done returns a channel that's closed when work done on behalf
    // of this context should be canceled. Done may return nil if this
    // context can never be canceled. Successive calls to Done return
    // the same value.
    Done() <-chan struct{}

    // Err returns a non-nil error value after Done is closed. Err
    // returns Canceled if the context was canceled or
    // DeadlineExceeded if the context's deadline passed. No other
    // values for Err are defined.  After Done is closed, successive
    // calls to Err return the same value.
    Err() error

    // Value returns the value associated with this context for key,
    // or nil if no value is associated with key. Successive calls to
    // Value with the same key returns the same result.
```

---

[13] 訳注: Go 1.7以前では多くのcontextパッケージが乱立していましたが、golang.org/x/net/contextが準標準パッケージとして作られたあとにGo 1.7で正式に標準パッケージとして取り込まれました。

```
    Value(key interface{}) interface{}
}
```

これもまた非常に単純に見えます。関数がランタイムにより割り込み（プリエンプション）されたときに閉じるチャネルを返すDoneメソッドがあります。他にも新しいけれどすぐ理解できるメソッドがいくつかあります。たとえばDeadline関数はゴルーチンが一定の時刻以降にキャンセルされるかを返しますし、Errメソッドはゴルーチンがキャンセルされたら非nilな値を返します。しかし、Valueメソッドはなにやら少し場違いな様子です。これは一体何のためにあるのでしょう。

Goの作者たちはゴルーチンが使われる用途として多いものの一つはリクエストをさばくプログラムであると気が付きました。通常こうしたプログラムでは、ランタイムの割り込みに関する情報に加えてリクエストに応じた情報が渡される必要があります。これがValueメソッドの目的です。この話についてはまた後で話しますが、いま理解してほしいのはcontextパッケージには2つの主な目的があるということです。

- コールグラフの各枝をキャンセルするAPIを提供する。
- コールグラフを通じてリクエストに関するデータを渡すデータの置き場所を提供する。

1つめの側面であるキャンセルに着目してみましょう。

4.3 ゴルーチンリークを避けるで学んだように、関数内でのキャンセルには3つの側面があります。

- ゴルーチンの親がキャンセルをしたい場合
- ゴルーチンが子をキャンセルしたい場合
- ゴルーチン内のブロックしている処理がキャンセルされるように中断できる必要がある場合

contextパッケージはいずれの場合にも役立ちます。

すでに述べたように、Context型は関数の第1引数です。Contextインターフェースのメソッドを見れば、内部構造の状態を変更できるものが何もないことがわかります。加えて、Contextを受け取ってそれをキャンセルさせられる関数もありません。こうすることでコールスタックの上位の関数が下位の関数によってコンテキストをキャンセルされてしまうことから守ります。doneチャネルを提供するDoneメソッドと組み合わせることで、Context型がその祖先からのキャンセルを安全に管理できるようになります。

ここで次のような疑問が湧いてきます。もしContextがイミュータブルならば、コールスタック内でいまいる関数より下の関数に対してキャンセルによる振る舞いの影響を与えられるのでしょうか。

この疑問がcontextパッケージ内の関数が重要になってくる点です。記憶が新しいうちにもう一度いくつかの関数を見てみましょう。

```
func WithCancel(parent Context) (ctx Context, cancel CancelFunc)
func WithDeadline(parent Context, deadline time.Time) (Context, CancelFunc)
```

```
func WithTimeout(parent Context, timeout time.Duration) (Context, CancelFunc)
```

これらの関数すべてがContextを引数に取り、また戻り値でもContextを返していることに注意してください。いくつかの関数は引数にContext以外にもdeadlineやtimeoutといったものを取っています。これらの関数はすべて関係するオプションと共に新しいContextのインスタンスを生成します。

WithCancelは返されたcancel関数が呼ばれたときにそのdoneチャネルを閉じる新しいContextを返します。WithDeadlineはマシンの時計が与えられたdeadlineの時刻を経過したらそのdoneチャネルを閉じる新しいContextを返します。WithTimeoutは与えられたtimeoutだけ経過したらそのdoneチャネルを閉じる新しいContextを返します。

ある関数がコールグラフ内でそれ以降の関数をキャンセルする必要がある場合には、与えられたContextを上の関数のうちのどれかに引数として渡して呼んで、戻り値のContextを子の関数に渡します。キャンセル時の振る舞いを変更する必要がない場合には、単純に渡されたContextを子に渡します。

このようにして、コールグラフ内の一連のレイヤにおいて、各レイヤに付随する要求に関するContextを親に影響を与えることなく作成できます。これによりコールグラフの各枝の管理が構築可能で洗練された形で可能になります。

この精神に則って、Contextのインスタンスはプログラムのコールグラフを流れていくようにできています。オブジェクト指向のパラダイムでは、よく使われるデータへの参照を保管しておくことはよくあることです。しかし、これをcontext.Contextで行わないことが重要です。context.Contextのインスタンスは外から見た場合には同等に見えるかもしれませんが、内部的にはスタックフレームごとに変化します。このような理由から、いつも関数の引数としてContextのインスタンスを渡すことが重要になります。このようにして、関数はスタックフレーム上でN段上のもののためのContextではなく、いまの関数に見合ったContextを持つようになります。

非同期なコールグラフの一番上ではおそらくContextは渡されません。連鎖を始めるために、contextパッケージではContextの空インスタンスを作る関数を2つ提供しています。

```
func Background() Context
func TODO() Context
```

Backgroundは単純に空のContextを返します。TODOは本番環境で使うことは想定していませんが、これもまた空のContextを返します。TODOが作られた意図は、どのContextを使っていいかわからないとき、あるいは上流のコードの実装がまだ終わっていないけれどなにかしらのContextが来ることがわかっているときにプレースホルダーを提供するためです。

では、これらを全部使ってコードを書いてみましょう。doneチャネルパターンを使った例を見た後、contextパッケージを使うことでどういった恩恵が得られるかを見てみましょう。次のプログラムは並行して挨拶とお別れを表示します。

```go
func main() {
    var wg sync.WaitGroup
    done := make(chan interface{})
    defer close(done)

    wg.Add(1)
    go func() {
        defer wg.Done()
        if err := printGreeting(done); err != nil {
            fmt.Printf("%v", err)
            return
        }
    }()

    wg.Add(1)
    go func() {
        defer wg.Done()
        if err := printFarewell(done); err != nil {
            fmt.Printf("%v", err)
            return
        }
    }()

    wg.Wait()
}

func printGreeting(done <-chan interface{}) error {
    greeting, err := genGreeting(done)
    if err != nil {
        return err
    }
    fmt.Printf("%s world!\n", greeting)
    return nil
}

func printFarewell(done <-chan interface{}) error {
    farewell, err := genFarewell(done)
    if err != nil {
        return err
    }
    fmt.Printf("%s world!\n", farewell)
    return nil
}

func genGreeting(done <-chan interface{}) (string, error) {
    switch locale, err := locale(done); {
    case err != nil:
        return "", err
    case locale == "EN/US":
        return "hello", nil
    }
    return "", fmt.Errorf("unsupported locale")
}
```

```go
func genFarewell(done <-chan interface{}) (string, error) {
    switch locale, err := locale(done); {
    case err != nil:
        return "", err
    case locale == "EN/US":
        return "goodbye", nil
    }
    return "", fmt.Errorf("unsupported locale")
}

func locale(done <-chan interface{}) (string, error) {
    select {
    case <-done:
        return "", fmt.Errorf("canceled")
    case <-time.After(1*time.Minute):
    }
    return "EN/US", nil
}
```

このコードを実行すると次の表示をします[14]。

```
goodbye world!
hello world!
```

競合状態を無視してみると（お別れを挨拶の前に受け取ることもありえます）、プログラム内には並行で実行される2つの枝があることがわかります。このプログラムではdoneチャネルを作りコールグラフ内に引き回していくという標準的な割り込みの方法を設定しました。doneチャネルをmainのどの場所で閉じても、枝は両方ともキャンセルされます。

main内でゴルーチンを呼び出すようにしたことで、プログラムをいくつか異なる面白い方法で制御できるようになります。genGreetingの処理に時間がかかり過ぎたらタイムアウトさせたくなるでしょう。genFarewellの親がすぐにキャンセルされるとわかっていたらlocaleを呼び出させたくないでしょう。各スタックフレームにおいて、関数はそれ以後のコールスタック全体に影響を与えることがあります。

こうした制御はdoneチャネルパターンを使えば、渡されるdoneチャネルを他のdoneチャネル内に囲って、そのどれかを起動すればすぐに実現可能ではあります。しかし、Contextが与えてくれるような制限時間やエラーに関する情報は得られません。

doneチャネルパターンとcontextパッケージを使う場合の比較を簡単にするために、このプログラムを木構造として表現してみましょう。木の中の各ノードは関数呼び出しを表しています。

---

[14] 訳注：検証に使った環境では結果が表示されるまで1分ほどかかりました。

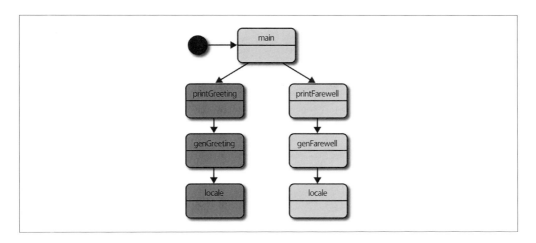

このプログラムを書き換えてdoneチャネルのかわりにcontextパッケージを使うようにしましょう。context.Contextの柔軟性があれば面白いシナリオを導入できます。

genGreetingのlocaleの呼び出しを1秒でタイムアウトさせたいとします。このときlocaleは1秒でタイムアウトします。またmainになにかしらの賢いロジックを組み込みたいとします。printGreetingが成功しなかった場合に、printFarewellの呼び出しをキャンセルしたいとします。挨拶の前にお別れを言うのはおかしいですからね！

これはcontextパッケージを使って実装すれば造作なくできます。

```go
func main() {
    var wg sync.WaitGroup
    ctx, cancel := context.WithCancel(context.Background()) // ❶
    defer cancel()

    wg.Add(1)
    go func() {
        defer wg.Done()

        if err := printGreeting(ctx); err != nil {
            fmt.Printf("cannot print greeting: %v\n", err)
            cancel() // ❷
        }
    }()

    wg.Add(1)
    go func() {
        defer wg.Done()
        if err := printFarewell(ctx); err != nil {
            fmt.Printf("cannot print farewell: %v\n", err)
        }
    }()
```

```go
        wg.Wait()
}

func printGreeting(ctx context.Context) error {
        greeting, err := genGreeting(ctx)
        if err != nil {
                return err
        }
        fmt.Printf("%s world!\n", greeting)
        return nil
}

func printFarewell(ctx context.Context) error {
        farewell, err := genFarewell(ctx)
        if err != nil {
                return err
        }
        fmt.Printf("%s world!\n", farewell)
        return nil
}

func genGreeting(ctx context.Context) (string, error) {
        ctx, cancel := context.WithTimeout(ctx, 1*time.Second) // ❸
        defer cancel()

        switch locale, err := locale(ctx); {
        case err != nil:
                return "", err
        case locale == "EN/US":
                return "hello", nil
        }
        return "", fmt.Errorf("unsupported locale")
}

func genFarewell(ctx context.Context) (string, error) {
        switch locale, err := locale(ctx); {
        case err != nil:
                return "", err
        case locale == "EN/US":
                return "goodbye", nil
        }
        return "", fmt.Errorf("unsupported locale")
}

func locale(ctx context.Context) (string, error) {
        select {
        case <-ctx.Done():
                return "", ctx.Err() // ❹
        case <-time.After(1 * time.Minute):
        }
        return "EN/US", nil
}
```

❶ mainが context.Background()で新しい Contextを作り、それを context.WithCancelでキャンセルできるようにしています。
❷ この行では printGreetingからエラーが返ってきたら mainが Contextをキャンセルするようにしています。
❸ genGreetingが Contextを context.WithTimeoutで囲んでいます。これによって1秒後に戻されたContextを自動的にキャンセルして、それによって genGreetingが以後 Contextを渡すあらゆる子供、ここではつまり localeをキャンセルします。
❹ この行は Contextがキャンセルされた理由を返します。このエラーは mainまで伝搬され、これが2でのキャンセルを発生させます。

このコードを実行すると次のようになります。

```
cannot print greeting: context deadline exceeded
cannot print farewell: context canceled
```

コールグラフを使って何が起きているか見てみましょう。図の中の番号は先の例のコードの呼び出しと対応しています。

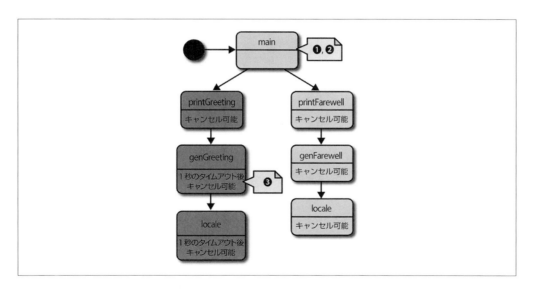

出力から見てわかるように、システムは完璧に動作しています。確実に localeが最低1分動くようにしたため、genGreetingは常にタイムアウトし、これにより mainは常に printFarewell以下のコールグラフをキャンセルします。

genGreetingが親の Contextに影響を与えずに自分の要件に合うように独自の context.Contextを作ったやり方に注意してください。もし genGreetingが無事に値を返して printGreetingがもう一回

別の呼び出しをしようとしたなら、genGreetingがどう操作されたかの情報を出さずに、それらの処理を実行できたでしょう。この構成可能性によってコールグラフ全体を通じて懸念事項をまぜこぜにすることなく、大きなシステムを記述できるのです。

　このプログラムには他にも改善点があります。たとえば、localeが実行に1分程度かかることがわかっているので、locale内でデッドラインがあるのかどうか確認して、そうであるならそれに対応するか確認できます。次の例はcontext.ContextのDeadlineメソッドを使ってこれを実現しています。

```go
func main() {
    var wg sync.WaitGroup
    ctx, cancel := context.WithCancel(context.Background())
    defer cancel()

    wg.Add(1)
    go func() {
        defer wg.Done()

        if err := printGreeting(ctx); err != nil {
            fmt.Printf("cannot print greeting: %v\n", err)
            cancel()
        }
    }()

    wg.Add(1)
    go func() {
        defer wg.Done()
        if err := printFarewell(ctx); err != nil {
            fmt.Printf("cannot print farewell: %v\n", err)
        }
    }()

    wg.Wait()
}

func printGreeting(ctx context.Context) error {
    greeting, err := genGreeting(ctx)
    if err != nil {
        return err
    }
    fmt.Printf("%s world!\n", greeting)
    return nil
}

func printFarewell(ctx context.Context) error {
    farewell, err := genFarewell(ctx)
    if err != nil {
        return err
    }
    fmt.Printf("%s world!\n", farewell)
    return nil
}
```

```go
func genGreeting(ctx context.Context) (string, error) {
    ctx, cancel := context.WithTimeout(ctx, 1*time.Second)
    defer cancel()

    switch locale, err := locale(ctx); {
    case err != nil:
        return "", err
    case locale == "EN/US":
        return "hello", nil
    }
    return "", fmt.Errorf("unsupported locale")
}

func genFarewell(ctx context.Context) (string, error) {
    switch locale, err := locale(ctx); {
    case err != nil:
        return "", err
    case locale == "EN/US":
        return "goodbye", nil
    }
    return "", fmt.Errorf("unsupported locale")
}

func locale(ctx context.Context) (string, error) {
    if deadline, ok := ctx.Deadline(); ok { // ❶
        if deadline.Sub(time.Now().Add(1*time.Minute)) <= 0 {
            return "", context.DeadlineExceeded
        }
    }

    select {
    case <-ctx.Done():
        return "", ctx.Err()
    case <-time.After(1 * time.Minute):
    }
    return "EN/US", nil
}
```

❶ ここでContextにデッドラインが設定されているか確認します。もし設定されていて、システムの時計でそのデッドラインを過ぎていたら、単純にcontextパッケージに定義されている特別なエラーであるDeadlineExceededを返します。

この修正でのプログラムの差分は小さいですが、これによってlocale関数が早く失敗します。次の機能を呼び出すコストが高いプログラムにおいては、この手の修正で大幅に時間を短縮できます。しかし最低限、この修正で実際のタイムアウトが起きるまで待つ必要なく即座に失敗します。唯一の落とし穴は後続のコールグラフがどれくらいかかるかをある程度わかっている必要があることです——そしてこの点は非常に難しい実践問題です。

この点がcontextパッケージが提供するもう半分の意味につながります。Contextのためにあるリクエストの範囲でのデータを保管し受け取るためのデータバッグです。関数がゴルーチンとContextを作るときには、しばしばリクエストを出すプロセスを起動して、それ以下の関数はそのリクエストに対する情報が必要になることを思い出してください。次の例はContext内でデータを保管して、それを受け取る方法を説明しています。

```go
func main() {
    ProcessRequest("jane", "abc123")
}

func ProcessRequest(userID, authToken string) {
    ctx := context.WithValue(context.Background(), "userID", userID)
    ctx = context.WithValue(ctx, "authToken", authToken)
    HandleResponse(ctx)
}

func HandleResponse(ctx context.Context) {
    fmt.Printf(
        "handling response for %v (%v)",
        ctx.Value("userID"),
        ctx.Value("authToken"),
    )
}
```

このコードを実行すると次のようになります。

```
handling response for jane (abc123)
```

極めて単純です。必要なものはこれだけです。

- 使用するキーはGoでの比較可能性を満たさなければならない。つまり、等値演算子の==と!=を使ったときに正しい値を返す必要がある。
- 返された値は複数のゴルーチンからアクセスされても安全でなければならない。

Contextのキーと値はinterface{}型として定義されているので、値を受け取るときはGoの型安全性は損なわれます。キーは与えたときと受け取るときで型が違うかもしれないですし、値も期待した型と違うかもしれません。こうした理由から、Goの開発チームはContextでデータの保管や受け取りをする際にいくつかの規則に従うことを推奨しています。

まず、パッケージ内で独自のキーの型を定義することを推奨しています。他のパッケージも同様にしていれば、Context内での型の衝突を防げます。その理由を説明するために、次の短いプログラムを見てみましょう。ここでは、キーをマップに異なる型で保管しようとしていますが、キーの大元の値は同じです。

```
type foo int
type bar int

m := make(map[interface{}]int)
m[foo(1)] = 1
m[bar(1)] = 2

fmt.Printf("%v", m)
```

このプログラムは次のような結果となります。

```
map[1:1 1:2]
```

キーの元の値が同じであるけれど、マップ内では型情報によって区別されています。パッケージ内でキー用に定義した型はエクスポートされないので、他のパッケージがこのキーと名前が衝突することはありません。

データの保存に使うキーをエクスポートしないので、データを取得する関数をエクスポートしなければなりません。これは良い方法で、このデータを扱う側が静的で型安全な関数を使えるようになります。

これらをすべて組み合わせると次の例のようなコードとなります。

```
func main() {
    ProcessRequest("jane", "abc123")
}

type ctxKey int

const (
    ctxUserID ctxKey = iota
    ctxAuthToken
)

func UserID(c context.Context) string {
    return c.Value(ctxUserID).(string)
}

func AuthToken(c context.Context) string {
    return c.Value(ctxAuthToken).(string)
}

func ProcessRequest(userID, authToken string) {
    ctx := context.WithValue(context.Background(), ctxUserID, userID)
    ctx = context.WithValue(ctx, ctxAuthToken, authToken)
    HandleResponse(ctx)
}

func HandleResponse(ctx context.Context) {
    fmt.Printf(
        "handling response for %v (auth: %v)",
        UserID(ctx),
        AuthToken(ctx),
```

)
    }

このコードを実行すると次のようになります。

```
handling response for jane (auth: abc123)
```

Contextから型安全に値を受け取る方法があり、そして——消費者が異なるパッケージであれば——それによって値を受け取る側は情報の保管に使われたキーについて知ったり気にする必要がありません。しかしながら、この方法は問題を引き起こします。

先の例でHandleResponseがresponseパッケージに存在していたとしましょう。そしてProcessRequestがprocessという名前のパッケージに存在していたとしましょう。processパッケージはHandleResponseを呼び出すためにresponseパッケージをインポートしなければなりませんが、HandleResponseはprocessパッケージ内で定義されたアクセサ関数にアクセスする方法がありません。なぜなら、processパッケージのインポートは循環参照になるかもしれないからです。Context内にキーを保管するために使った型はprocessパッケージ内のプライベートな型であるため、responseパッケージがこのデータを受け取る方法はありません。

こうした性質から、複数の場所からインポートされるデータ型を中心としたパッケージを作るようなアーキテクチャを強いられることになります。これは悪いことではありませんが、意識しておくべきことです。

contextパッケージはかなり素敵ですが、皆が口を揃えて称賛してきたわけではありません。Goコミュニティでは、contextパッケージはいくらか議論の対象でした。キャンセルができる機能に関してはかなり好意的に受け入れられていますが、Contextに任意のデータを保管できてしまう点と保管されるデータが型安全でない点は評価が分かれています。本書ではアクセサ関数を使うことで型安全性の欠如を軽減しましたが、それでもまだ間違った型を保管してしまうことでバグを生む可能性があります。しかしながら、開発者が何をContextのインスタンスに保管すべきかという性質のほうが間違いなくより大きな問題です。

何を保管するのに適しているかについての最も普及しているガイドはcontextパッケージにあるこの少し曖昧なコメントです。

> コンテキスト値はプロセスやAPIの境界を通過するリクエストスコープでのデータに絞って使いましょう。
> 関数にオプションのパラメーターを渡すために使うべきではありません。

オプションのパラメーターが何であるかは極めて明らかですが（Contextを使ってGoのプログラムにオプションのパラメーターをサポートさせるというあなたの密かな要求を満たすべきではありません）「リクエストスコープでのデータ」とは何でしょうか。おそらくそれは「プロセスとAPIの境界を通過する」のでしょうが、これは多くのことを表現してしまいます。私が見つけたそれらの最適な定義方法は、チームの経験則により得られるものをコードレビューの際に評価するというものです。私の経験則では

次のとおりです。

❶ データはプロセスやAPIの境界を通過すべき

プロセス内のメモリでデータを生成したのなら、そのデータはリクエストスコープのデータとしてはおそらく不適格でしょう。ただしそのデータをAPIの境界も越えて渡す場合は除きます。

❷ データは不変であるべき

もし不変でないのであれば、定義により保管しようとしているデータはリクエストから来たものではありません。

❸ データは単純な型に向かっていくべき

リクエストスコープのデータがプロセスやAPIの境界を通過することを意図されていて、複雑なパッケージのインポート関係を必要としなれば、通過した先にいる側がこのデータをずっと簡単に取得できるはずです。

❹ データはデータであるべきでメソッド付きの型であるべきではない

操作というのはロジックで、このデータを消費するものに属している。

❺ データは修飾の操作を助けるべきものであって、それを駆動するものではない

あなたのアルゴリズムがContextに含まれるものによって異なった振る舞いをするのであればオプションのパラメーターが扱うべき領域を侵してしまっているでしょう。

これらは厳格な決まりではありません。経験則です。しかしながら、Contextに保管しているデータがこれら5つのガイドラインをすべて破っているのであれば、何をしようとしているのか、じっくり考えたほうが良いでしょう。

他に考えるべき側面は、このデータが使われるまでに何層をまたぐ必要があるかという点です。フレームワークがいくつかあって、データが受け取られてから使われるまでに何十もの関数が存在する場合、言葉数の多い自己説明的な関数シグネチャに寄せて、データをパラメーターとして渡したいですか。それとも、Context内にデータを置く場所を確保して、見えない依存関係を作るほうが良いですか。どちらの方法にも利点があり、最終的にはあなたやあなたのチームが意思決定することになります。

こうした経験則があっても、その値がリクエストの範囲のデータかどうかはすぐには判断がつきません。次の表を見てください。これは各データが先程挙げたの5つの経験則を満たしているかどうかを表したものです。みなさんはどう思いますか。

データ	1	2	3	4	5
リクエストID	✓	✓	✓	✓	✓
ユーザーID	✓	✓	✓	✓	

データ	1	2	3	4	5
URL	✓	✓			
APIサーバーの接続					
認可トークン	✓	✓	✓	✓	
リクエストトークン	✓	✓	✓		

　APIサーバーへの接続だったりするとコンテキストに保管すべきでないものがあるというのが明らかなこともありますが、そうでないこともあります。認証トークンについてはどうでしょうか。それは不変で、おそらくバイトのスライスですが、このデータを受け取った側はリクエストをさばくべきか決定するのにそのデータを使わないのでしょうか。このデータはコンテキストに属するのでしょうか。さらに不明確なことを言うと、あるチームでは受け入れられるものが、別のチームでは受け入れられないかもしれません。

　究極的には、簡単な答えはありません。contextパッケージは標準パッケージに導入され、それゆえその使い方に関してある種の意見を持たなければなりませんが、その意見も扱っているプロジェクトによって変わりうる（そしてそうあるべき）ものだと思います。あなたにできる最後のアドバイスとしては、Contextから提供されるキャンセルの機能は非常に便利で、データバッグとして扱うことが好みでなかったとしても、そのことでコンテキストの利用を躊躇すべきではないでしょう。

4.13　まとめ

　この章では非常に多くのことを学びました。Goの並行処理のプリミティブを組み合わせてパターンを作り、保守しやすい並行処理のコードを書きやすくしています。読者の皆さんはもうこれらのパターンに詳しいですから、この後はこれらのパターンをどのように別のパターンに組み込んで、大きなシステムの実装に役立てるか議論しています。次の章ではその概要をお伝えします。

5章
大規模開発での並行処理

ここまででGoのプログラムの中で並行処理を利用するよくあるパターンを学んできました。今度はこれらのパターンを組み合わせて、大きく、構成可能で、スケールするシステムを書けるようにする慣例のほうに目を向けてみましょう。

この章では、単一のプロセス内の並行処理をスケールさせる方法を議論し、また1つ以上のプロセスを扱うときどのように並行処理が関係してくるかを見ていく事になります。

5.1 エラー伝播

並行処理のコード、特に分散システムのコードでは、システム内で何かがおかしくなりやすく、また同時になぜそれが起きたのかを理解するのが難しいものです。問題がシステムをどう伝播し、ユーザーへどのように提示されたのかを慎重に考えることであなた自身、あなたのチーム、そしてユーザーまでを、ありとあらゆる苦痛から遠ざけてくれるでしょう。4.5 エラーハンドリングではゴルーチンからエラーをどのように伝播させるかという点を議論しましたが、エラーはどのような形式になっているべきか、あるいはエラーを大きくて複雑なシステム内でどう伝えるかという点についてはあまり触れませんでした。エラー伝播の原理について、ここで少し考えてみましょう。次の段落では、並行処理システム内でのエラーハンドリングに対する一部の開発者による強い仮定を持った考え方を紹介しています。

多くの開発者がシステムの流れにおいてエラー伝播は二の次であると誤解しています。システム中でのデータの流れに関しては慎重に考慮するにもかかわらず、エラーは黙認されて大した考えもなしにシステムスタックの上位になんとなく渡されて行き、結局ユーザーのところで全部まとめて表示されます。Goでは開発者にコールスタックのフレームごとにエラー処理を強制することでこの悪しき習慣を正そうと試みました[†1]。しかし、依然としてエラーがシステムの制御フローの中で二の次にされている

---

†1 訳注：2018年8月26日（アメリカ山岳部夏時間）のGopherCon 2018にて公開されたデザインドキュメントのうち一つがエラー処理に関するものでした。補遺Bを参照してください。

のをよく見かけます。少しの配慮と最小限の手間をかけてやるだけで、エラー処理をシステムの資産にできますし、ユーザーに心地よいものへ変えられます。

まず、エラーとは何かを調べてみましょう。それが発生するとき、どんな利益がもたらされるのでしょうか。

エラーはユーザーが明示的にあるいは暗黙的に要求した操作を、システムが最後まで実行できない状態になったことを知らせてくれます。このためには、エラーに関していくつかの重要なことを持ち回してユーザーに表示する必要があります。

何が起きたのか

何が起きたか、という情報をエラーは必ず含んでいなければなりません。たとえば、「ディスクが一杯」「ソケットが閉じられた」「認証情報の有効期限が切れた」などです。この情報は、それがなんであってもユーザーにわかりやすいような補助的な情報を追加してもよいですが、これは、エラーを吐いたものが何であれ大抵は暗黙的にエラー情報に含まれているものです。

いつどこでエラーが発生したか

エラーは、呼び出しがどこから始まって、どこでエラーが発生し、どう終わったのかについての完全なスタックトレースを常に含んでいるべきです[†2]。スタックトレースはエラーメッセージ（これについては後ほど触れます）内に含まれるべきではありません。しかし、呼び出し元か、それより上位でエラーをハンドリングするときには容易に読み出せるようにしておくべきです。さらにエラーにはそれが実行されていたときの文脈に関する情報を含んでいるべきです。たとえば分散システムの場合、どのマシンでエラーが発生したかが特定できる情報が含まれているべきです。後になって、システムで起きたことを解析するときに、かけがえのない重要な情報となるはずです。加えて、エラーにはそれが発生したマシン上の時刻を、特にUTCで含んでいるべきです。

ユーザー向けの読みやすいメッセージ

ユーザーに表示されるメッセージはシステムとそのユーザーにわかりやすいようシステムに合わせてカスタマイズすべきです。エラーメッセージには上記の2点から、要約して関係のあるものだけを抜き出して表示しなければなりません。読みやすいメッセージとは、人間を中心に考えられたもので、その問題が一時的なものかどうかにある程度の示唆を与えるものです。またできれば1行程度にするべきです。

[†2] 訳注：スタックトレースの出力に関しては状況に応じていくつかの手段が考えられます。本文ではruntime/debugが提供しているStack()関数を用いていますし、別の方法としてgithub.com/pkg/errorsといったサードパーティパッケージを利用してもよいでしょう。

ユーザーがさらに情報を得るにはどうするべきか

いつか、エラーが発生したときに何が起きたかを詳細に知りたくなる人が出てくるでしょう。ユーザーに表示されたエラーには必ず識別子がついているべきで、そのエラーに関するすべての情報が含まれた対応するログと相互参照できなければなりません。たとえば、エラーが発生した時刻（エラーが記録されたときではない）、スタックトレースなど、エラーが発生したときに得られる情報すべてです。またスタックトレースのハッシュを含めるのもバグトラッカーのイシュー等にまとめるときに便利です。

デフォルトでは、あなたがきちんと情報を追加しないと、エラーにこういった情報がきちんと盛り込まれることはありません。したがって、ユーザーに伝播されたエラーでこれらの情報が備わっていないものは間違ったエラー、すなわちバグであるという立場を取れるでしょう。こうした考え方は、以下のようにエラーに対する一般的な枠組みとして利用できます。すべてのエラーは次の2つのうちのどちらかに分類できます。

- バグ
- 既知のエッジケース（例: ネットワーク接続の切断、ディスクへの書き込みの失敗など）

バグとはシステムに合わせて情報の整理をしていないエラー、もしくは「生の」エラー——これはあなたにはわかっているエッジケースです——のどちらかとなります。生のエラーを出す場合はときどき意図したものであったりします。システムをリリースして間もないリリースイテレーションでは、ユーザーにこうしたエッジケースからのエラーが出てしまうことを良しとするかもしれません。ときどきこれは偶然起きたりもします。しかし、先に書いたような取り組み方に同意するのであれば、生のエラーは常にバグです。こうした区別をすることは、のちにエラーの伝播方法やシステムの拡張計画、そして最終的に何をユーザーに表示するか決めるとき、役に立つとわかるでしょう。

たとえば複数のモジュールがある大きなシステムを想像してください。

エラーが「低水準コンポーネント」で発生したとして、上位のスタックに渡されるべくエラーがきちんとした形になっていたとしましょう。「低水準コンポーネント」の文脈では、このエラーはきちんとした形になっていると思っていたかもしれませんが、それを含むシステム全体の文脈ではそうではないかもしれません。各コンポーネントの境界では、下から上がってきたエラーは自分のコンポーネント向けにきちんとした形のエラーになるように包んで整えてやらなければなりません。たとえば、私たちが「中間コンポーネント」を触っていて「低水準コンポーネント」のコードを呼んでいるとします。その前提で

「低水準コンポーネント」でエラーが起き得るとします。その場合次のようなコードとなります。

```go
func PostReport(id string) error {
    result, err := lowlevel.DoWork()
    if err != nil {
        if _, ok := err.(lowlevel.Error); ok { // ❶
            err = WrapErr(err, "cannot post report with id %q", id) // ❷
        }
        return err
    }
    // ...
}
```

❶ エラーがきちんとした形になっているか確認して、そうでなければ誤った形のエラーを単に上位のスタックに戻して、バグである旨を示唆します。

❷ ここでは、自分のモジュール向けの付加情報とともにやってきたエラーを包んで新しい型にする関数を仮定して、それを使います。エラーを包むというのは、この文脈のユーザーにとって重要でなさそうな低水準の情報を隠すことにもなる点に注意してください。

　エラーが発生した根本部分（例: ゴルーチン、マシン、スタックトレースなど）の低水準な詳細データは、エラーが最初に作られたときに書き込まれるものの、私たちのアーキテクチャではモジュールの境界において元のエラーを自分たちのモジュールのエラー型に書き換えるように促します——おそらく適切な情報を追加することによって。そして、私たちのモジュールのエラー型には変換されずに私たちのモジュールから漏れてしまうエラーはすべて不正な形式のエラーなのでバグとみなします。このような形でエラーを内包する必要があるのは自分のモジュールでの境界——公開される関数やメソッド——あるいはあなたのコードが有益なコンテキストを追加しうるときだけであることに注意してください。こうした心がけがあれば、たいていのコードでエラーを包む必要がなくなるでしょう。

　こうした態度を貫いていれば、システムはとても有機的に成長できるようになります。入ってくるエラーはきちんとした形式になっているものであると確信でき、また自分のモジュールから出ていくエラーがどのような形になっているべきか、自分の考えを確実に反映できます。エラーが正しい形になっていることはシステムにおいて急に重要になってきた性質です。また明示的に不正な形式のエラーを扱うことによってはじめからすべてのエラーを完璧に扱うことを諦めています。そうすることで間違いを起こしつつ時間をかけて訂正していく枠組みを育んでいるのです。これから見ていくように、不正な形式のエラーは、その型とユーザーに表示される内容によって明確に説明されます。

　先にも述べたように、すべてのエラーはできる限り多くの情報を含めて記録されるべきです。しかしユーザーにエラーを表示する際には、バグと既知のエッジケースの区別をおこなうべきです。

　ユーザーに表示する部分のコードがきちんとした形のエラーを受け取った場合は、コード内のすべての層において正しくエラーハンドリングするために必要な処理は行われていると自信を持って言うことができます。そして単純にログとして出力したりユーザーに表示することもできます。正しい型を

持ったエラーが返ってくることから得られる安心感は非常に大きいものです。

　不正な形式のエラー、あるいはバグがユーザーに伝播された場合もエラーを記録するべきですが、その後はユーザーに何か予期せぬことが発生した旨を伝えるわかりやすいメッセージを表示すべきです。システム内で自動エラー報告システムがあるならば、そのエラーはバグとして記録されるべきです。もしそういったものがないのであれば、バグを開発元に報告するようにユーザーに提案できるでしょう。不正な形式のエラーには実際有用な情報が含まれている可能性がありますが、その保証はできず、そのため——唯一保証できることはそのエラーが変更されていないこと——単刀直入に何が起きたかを人間でもわかりやすいメッセージで表示すべきです。

　どちらの状況、つまりきちんとした形式のエラーでも不正な形式のエラーでも、ユーザーへのメッセージ内にログIDを含めて、ユーザーがもっと多くの情報を得たい場合に参照できるようにすることを忘れないでください。そうすることで、バグに有益な情報があった場合であっても、興味を持ったユーザーがさらなる調査をするための手段が残されるのです。

　ここで完全な例を見てみましょう。この例はあまり堅牢ではなく（たとえば、エラー型がおそらく極度に単純化されている）、コールスタックは直線的です。この状況では、エラーを包む必要があるのはモジュールの境界だけであるという事実をわかりにくくしています。また、他のパッケージの関数を本書の例の中で表現するのは難しいので、それらしいものにしています[†3]。

　まず、先に議論したきちんとした形式のエラーが持つべき情報をすべて含むエラー型を作りましょう。

```
type MyError struct {
    Inner      error
    Message    string
    StackTrace string
    Misc       map[string]interface{}
}

func wrapError(err error, messagef string, msgArgs ...interface{}) MyError {
    return MyError{
        Inner:      err, // ❶
        Message:    fmt.Sprintf(messagef, msgArgs...),
        StackTrace: string(debug.Stack()), // ❷
        Misc:       make(map[string]interface{}), // ❸
    }
}

func (err MyError) Error() string {
    return err.Message
}
```

[†3] 訳注：プログラム全体は原著者のサンプルプログラムのレポジトリよりソースを参照してください。https://github.com/kat-co/concurrency-in-go-src

❶ ここで包んでいるエラーを保管します。何が起きたのか調査する必要があるときに低水準のエラーをいつでも見れるようにしておきます。

❷ この行はエラーが作られたときにスタックトレースを記録するためのものです。より洗練されたエラー型であればwrapErrorのスタックフレームを省略するでしょう。

❸ ここで雑多な情報を保管するための場所を作ります。エラーの診断をする際に助けになる並行処理のIDやスタックトレースのハッシュ、あるいは他のコンテキストに関する情報を保管します。

次はlowlevelというモジュールを作りましょう。

```
// "lowlevel" モジュール

type LowLevelErr struct {
    error
}

func isGloballyExec(path string) (bool, error) {
    info, err := os.Stat(path)
    if err != nil {
        return false, LowLevelErr{(wrapError(err, err.Error()))} // ❶
    }
    return info.Mode().Perm()&0100 == 0100, nil
}
```

❶ os.Statの呼び出しから発生する生のエラーをカスタマイズしたエラーで内包しています。今回の場合、このエラーから出てくるメッセージは特に問題ないので、それをそのまま使います。

それからまた別のモジュールintermediateを作りましょう。これはlowlevelパッケージの関数を呼び出します。

```
// "intermediate" モジュール

type IntermediateErr struct {
    error
}

func runJob(id string) error {
    const jobBinPath = "/bad/job/binary"
    isExecutable, err := lowlevel.isGloballyExec(jobBinPath)
    if err != nil {
        return err // ❶
    } else if isExecutable == false {
        return wrapError(nil, "job binary is not executable")
    }

    return exec.Command(jobBinPath, "--id="+id).Run() // ❶
}
```

❶ ここでは lowlevel モジュールからのエラーを渡します。私たちのアーキテクチャでは自分たち独自の型で内包されないまま他のモジュールから渡されたエラーをバグとみなすので、この実装は後々問題となります。

最後に、intermediate パッケージ内の関数を呼び出すトップレベルの main 関数を作りましょう。この関数はプログラム内でユーザーが触れる部分のコードです。

```
func handleError(key int, err error, message string) {
    log.SetPrefix(fmt.Sprintf("[logID: %v]: ", key))
    log.Printf("%#v", err) // ❸
    fmt.Printf("[%v] %v", key, message)
}

func main() {
    log.SetOutput(os.Stdout)
    log.SetFlags(log.Ltime|log.LUTC)

    err := runJob("1")
    if err != nil {
        msg := "There was an unexpected issue; please report this as a bug."
        if _, ok := err.(IntermediateErr); ok { // ❶
            msg = err.Error()
        }
        handleError(1, err, msg) // ❷
    }
}
```

❶ ここでエラーが期待した型かどうかを確認しています。もしそうであれば、きちんとした形式のエラーなので、メッセージを単純にそのままユーザーに渡せます。

❷ この行ではログとエラーメッセージを ID 1 として紐付けています。ID は単調増加させることもできますし、一意な ID にするために GUID にしてもいいでしょう。

❸ 何が起きたかを掘り下げる必要が出てきたときのためにすべてのエラーをログ出力しています。

これを実行すると、次のようなログメッセージが表示されます。

```
[logID: 1]: 21:46:07 main.LowLevelErr{error:main.MyError{Inner:
(*os.PathError)(0xc4200123f0),
Message:"stat /bad/job/binary: no such file or directory",
StackTrace:"goroutine 1 [running]:
runtime/debug.Stack(0xc420012420, 0x2f, 0xc420045d80)
    /home/kate/.guix-profile/src/runtime/debug/stack.go:24 +0x79
main.wrapError(0x530200, 0xc4200123f0, 0xc420012420, 0x2f, 0x0, 0x0,
0x0, 0x0, 0x0, 0x0, ...)
    /tmp/babel-79540aE/go-src-7954NTK.go:22 +0x62
main.isGloballyExec(0x4d1313, 0xf, 0xc420045eb8, 0x487649, 0xc420056050)
    /tmp/babel-79540aE/go-src-7954NTK.go:37 +0xaa
main.runJob(0x4cfada, 0x1, 0x4d4c35, 0x22)
    /tmp/babel-79540aE/go-src-7954NTK.go:47 +0x48
```

```
    main.main()
        /tmp/babel-79540aE/go-src-7954NTK.go:67 +0x63
", Misc:map[string]interface {}{}}}
```

そしてstdoutには次のような表示がされます。

```
[1] There was an unexpected issue; please report this as a bug.
```

このエラーの流れを見れば、エラーが正しく対応されなかったことがわかります。そしてエラーメッセージが人間にとって読みやすいかどうかわからないので、何か予期せぬことが起きた（これまで話してきた方針に則れば起きているはず）ということを伝える単純なエラーを表示します。これが起きた原因はintermediateモジュールをふりかえればわかります。そうです、lowlevelモジュールで発生したエラーを内包しなかったからです。ここを修正してどうなるか見てみましょう。

```
// "intermediate" モジュール

type IntermediateErr struct {
    error
}

func runJob(id string) error {
    const jobBinPath = "/bad/job/binary"
    isExecutable, err := isGloballyExec(jobBinPath)
    if err != nil {
        return IntermediateErr{wrapError(
            err,
            "cannot run job %q: requisite binaries not available",
            id,
        )} // ❶
    } else if isExecutable == false {
        return wrapError(
            nil,
            "cannot run job %q: requisite binaries are not executable",
            id,
        )
    }

    return exec.Command(jobBinPath, "--id="+id).Run()
}
```

❶ 付加情報を加えたメッセージでエラーをカスタマイズしています。この例では、なぜジョブがうまく動かなかったかに関しての低水準の細かな情報は、モジュールの利用者には重要な情報ではないと思われるので見せないようにしています。

```
func handleError(key int, err error, message string) {
    log.SetPrefix(fmt.Sprintf("[logID: %v]: ", key))
    log.Printf("%#v", err)
    fmt.Printf("[%v] %v", key, message)
```

```go
}

func main() {
    log.SetOutput(os.Stdout)
    log.SetFlags(log.Ltime|log.LUTC)

    err := runJob("1")
    if err != nil {
        msg := "There was an unexpected issue; please report this as a bug."
        if _, ok := err.(IntermediateErr); ok {
            msg = err.Error()
        }
        handleError(1, err, msg)
    }
}
```

この更新されたコードを実行すると、似たようなログメッセージが出力されます。

```
[logID: 1]: 22:11:04 main.IntermediateErr{error:main.MyError
{Inner:main.LowLevelErr{error:main.MyError{Inner:(*os.PathError)
(0xc4200123f0), Message:"stat /bad/job/binary: no such file or directory",
StackTrace:"goroutine 1 [running]:
runtime/debug.Stack(0xc420012420, 0x2f, 0x0)
        /home/kate/.guix-profile/src/runtime/debug/stack.go:24 +0x79
main.wrapError(0x530200, 0xc4200123f0, 0xc420012420, 0x2f, 0x0, 0x0,
0x0, 0x0, 0x0, 0x0, ...)
        /tmp/babel-79540aE/go-src-7954DTN.go:22 +0xbb
main.isGloballyExec(0x4d1313, 0xf, 0x4daecc, 0x30, 0x4c5800)
        /tmp/babel-79540aE/go-src-7954DTN.go:39 +0xc5
main.runJob(0x4cfada, 0x1, 0x4d4c19, 0x22)
        /tmp/babel-79540aE/go-src-7954DTN.go:51 +0x4b
main.main()
        /tmp/babel-79540aE/go-src-7954DTN.go:71 +0x63
", Misc:map[string]interface {}{}}}, Message:"cannot run job \"1\":
requisite binaries not available", StackTrace:"goroutine 1 [running]:
runtime/debug.Stack(0x4d63f0, 0x33, 0xc420045e40)
        /home/kate/.guix-profile/src/runtime/debug/stack.go:24 +0x79
main.wrapError(0x530380, 0xc42000a370, 0x4d63f0, 0x33,
0xc420045e40, 0x1, 0x1, 0x0, 0x0, 0x0, ...)
        /tmp/babel-79540aE/go-src-7954DTN.go:22 +0xbb
main.runJob(0x4cfada, 0x1, 0x4d4c19, 0x22)
        /tmp/babel-79540aE/go-src-7954DTN.go:53 +0x356
main.main()
        /tmp/babel-79540aE/go-src-7954DTN.go:71 +0x63
", Misc:map[string]interface {}{}}}
```

しかし今度のエラーメッセージはユーザーがまさにほしい情報を表示しています。

```
[1] cannot run job "1": requisite binaries not available
```

この手法と互換性のあるエラーパッケージがあります[†4]。しかし、どんなエラーパッケージでも構わないのですが、それを使ってこの手法を実装するかどうかはあなた次第です。良い知らせはこの手法が本質的なものであることです。つまり、最上位のエラー処理を自分で決められますし、バグときちんとした形式のエラーの境界を自分で決められます。そして、漸進的に発生するすべてのエラーをきちんとした形式にできます。

5.2 タイムアウトとキャンセル処理

並行処理のコードを扱うときは、タイムアウトとキャンセル処理が頻出します。この節で見ていくように、タイムアウトはシステムを理解できる動作にするため、とりわけ欠かせないものです。キャンセル処理はタイムアウトに対する自然な応答の1つです。並行プロセスがキャンセルされる他の要因についても調べていきます。

では並行処理のプロセスにタイムアウトをサポートしてもらいたい理由とは何でしょうか。いくつか挙げてみます。

システム飽和状態

4.11 キューの節で説明したように、システムが飽和している（つまり、リクエストを処理する能力の限界に来ている）場合、システムにやってきたリクエストは、さばかれるまで時間がかかるよりもタイムアウトしてほしいと思うはずです。どの方法を取るかは問題空間によりますが、以下はタイムアウトに関する一般的なガイドラインです。

- リクエストがタイムアウトしたときに重複しなさそうな場合
- リクエストを保存するリソースがない場合（例: インメモリキュー用のメモリ、永続キュー用のディスク容量）
- リクエストやリクエストが送っているデータが処理待ちをしている間に古くなってしまった場合（次に説明します）

リクエストが繰り返されそうで、システムのリクエストの受信やタイムアウトにオーバーヘッドが掛かりそうな場合。こういった状況では、オーバーヘッドがシステムの能力の限界に来ている場合デススパイラルに陥ります。さらにリクエストをキューに保管するだけのリソースを用意できていない場合に大きな問題となります。そして、たとえこれら2つのガイドラインを満たしていたとしても、リクエストをキューに入れたとして、そのリクエストを処理するまでに古くなってしまいます。これはタイムアウトをサポートする次の理由にもつながります。

[†4] http://github.com/pkg/errors を推奨します。

新鮮でないデータ

データによってはより新しく意味のあるデータが来る、あるいはそのデータを処理する期限が切れてしまう前に、処理しきらなければいけない制限のあるものもあります。並行処理のプロセスがこの制限よりも長くかかってしまうようであれば、タイムアウトして並行処理のプロセスをキャンセルしたくなるかもしれません。たとえば、並行処理のプロセスが長い待機時間のあとリクエストをキューから取り出した場合に、そのリクエストやその中のデータはキュー処理の間に古くなってしまっているかもしれません。

あらかじめ処理の制限時間がわかっているなら、並行処理のプロセスに context.WithDeadline や context.WithTimeout で作った context.Context を渡してもいいでしょう。制限時間が事前にわからないのであれば、処理をしている並行処理のプロセスの親プロセスが、リクエストの処理が必要なくなったときにキャンセルできるようにしたくなるでしょう。この場合は context.WithCancel が目的に合致しています。

デッドロックを防ぐ試み

大きなシステム——特に分散システム——ではデータがどのように流れるか、あるいはどのようなエッジケースが発生するかを理解するのが難しい場合があります。システムがデッドロックに陥らないよう保証するためにすべての並列処理にタイムアウトを設定するのは悪い判断ではなく、それどころか推奨されています。タイムアウトの期限は並行処理のプロセスが処理にかける時間に近いものでなくても構いません。タイムアウトの期限を設ける目的はデッドロックを防ぐことであり、想定しているシナリオの中でデッドロックしたシステムが解放されるまでの時間が十分短くなってさえいればよいのです。

セクションのまとめ

1.2.4 デッドロック、ライブロック、リソース枯渇でデッドロックを避けるためにタイムアウトを設定すると、問題がデッドロックするシステムからリソース枯渇するシステムへと変容すると言ったことを覚えていますか。しかしながら、大きなシステムは動く場所が多いので、システムは最後にデッドロックしたときとは異なるタイミングプロファイルを見ることになるでしょう。それゆえに、一か八かライブロックさせてみて時間が許す限りそれを直すほうが、デッドロックしてしまってシステムの再起動以外の方法で直せなくなるよりましです。

注意してほしいのは、これはシステムを正しく作るために推奨する方法ではありません。むしろ開発中やテストにおいて探しきれなかった、タイミングに関するエラーに対する耐性をもったシステムを作るための1つの提案です。

タイムアウトを使うべきときのイメージが把握できたと思うので、キャンセル処理の原因と正常なキャンセル処理を扱う並行処理のプロセスの作り方に目を向けてみましょう。並行処理のプロセスが

キャンセルされる理由はいくつもあります。

タイムアウト

タイムアウトは暗黙的なキャンセルです。

ユーザーによる介入

良いユーザー体験のために、実行時間が長いプロセスを並行に走らせて、一定間隔でユーザーに報告をするようにするか、あるいはユーザーが見たいときに状態を確認できるようにするというのは一般的に賢明な判断です。それゆえにユーザーに面したところで並行処理の操作をする場合、ときにはユーザーに起動した処理をキャンセルできるようにすることも必要になります。

親のキャンセル

上の話に関連して、並行処理の親が――人間あるいはその他のものによって――停止されたら、その子供はキャンセルされます。

複製されたリクエスト

複数の並行処理のプロセスに、そのうちのどれかが早くレスポンスを返してくれることを望んで、複製したデータを送ることがあります。最初の1つが返ってきたときに、他のプロセスをキャンセルしたいと思うでしょう。これについては**5.4 複製されたリクエスト**で詳細にお話します。

他にも理由はあるでしょう。しかしながら、「なぜ」キャンセルされるかという疑問は、「どのように」キャンセルされるかという疑問に比べたら難しいものではなく、また興味深いものでもありません。**4章 Goでの並行処理のパターン**で並行処理のプロセスをキャンセルする方法を2つ見てきました。1つはdoneチャネル、もう1つはcontext.Contextです。しかし、これは簡単な部類です。ここではより複雑な疑問について考えていきたいと思います。並行処理のプロセスがキャンセルされたとき、実行中のアルゴリズムと下流の消費者にどのような影響を与えるでしょうか。任意のタイミングで終了されうる並行処理のコードを書いているとき、何を考慮する必要があるでしょうか。

これらの質問に答えるために、まず考えなければいけないのは並行処理のランタイムによる割り込みの可能性です。次のコードが1つのゴルーチンで実行されているとします。

```
var value interface{}
select {
case <-done:
    return
case value = <-valueStream:
}

result := reallyLongCalculation(value)
```

```
select {
case <-done:
    return
case resultStream<-result:
}
```

律儀にvalueStreamからの読み込みとresultStreamの書き込みを対応させて、また各々doneチャネルを確認してゴルーチンがキャンセルされていないか見ています。しかしまだ問題があります。reallyLongCalculationがランタイムの割り込みが可能でなさそうで、また名前からして、実行に非常に長い時間がかかりそうです！これが意味するところは、何かがreallyLongCalculationの実行中にこのゴルーチンをキャンセルしようと思っても、キャンセルと終了を確認するまでに非常に長い時間がかかる可能性があるということです。reallyLongCalculationをランタイムの割り込みを可能にして、何が起きるか見てみましょう。

```
reallyLongCalculation := func(
    done <-chan interface{},
    value interface{},
) interface{} {
    intermediateResult := longCalculation(value)
    select {
    case <-done:
        return nil
    default:
    }

    return longCalculation(intermediateResult)
}
```

少し進歩がありました。reallyLongCalculationは割り込み可能になりました。しかし問題がまだ半分しか解決していないことがわかります。reallyLongCalculationは何か、おそらく実行時間が長い関数を呼び出している間だけ割り込み可能に見えます。これを解決するため、longCalculationも割り込み可能にする必要があります。

```
reallyLongCalculation := func(
    done <-chan interface{},
    value interface{},
) interface{} {
    intermediateResult := longCalculation(done, value)
    return longCalculation(done, intermediateResult)
}
```

このような論理的な結論に至るまでの論法に則るのであれば、2つのことを実行しなければなりません。1つは並行処理のプロセスが割り込み可能になる期間を定めること。もう1つはこの期間よりも長くかかりそうな機能は確実にそれ自身を割り込み可能にすることです。これを実現する簡単な方法は、

ゴルーチンの中身を小さい機能に分割することです。すべてのランタイムによる割り込みが可能でないアトミックな操作が、許容できる時間内で完了することを目指すべきです。

ここには別の問題も潜んでいます。もしゴルーチンが偶然にも共有状態——例えばデータベース、ファイル、インメモリのデータ構造——を変更してしまったら、そのゴルーチンがキャンセルされてしまった場合に何が起きるでしょうか。ゴルーチンは実行してしまった中間処理をロールバックしようとするでしょうか。そのためにはどれくらいの時間がかかるでしょうか。何かがゴルーチンに停止せよと伝えたら、ロールバックに長い時間をかけないようにしないといけないですよね。

この問題の扱いに関して一般的なアドバイスを与えるのは困難なことです。あなたのプログラムのアルゴリズムは、こういった状況にあなたがどう対処するかをそのまま反映しているものだからです。しかしながら、いかなる共有状態に対する変更も小さい範囲に留めるようにすること、こうした変更を容易にロールバックできるようにしておくこと、この2つのどちらか1つあるいは両方を行えばキャンセル処理を極めてうまく扱えます。可能であれば、中間処理の結果をメモリに入れて、状態をできる限り素早く修正します。例としてその間違った方法を載せます。

```
result := add(1, 2, 3)
writeTallyToState(result)
result = add(result, 4, 5, 6)
writeTallyToState(result)
result = add(result, 7, 8, 9)
writeTallyToState(result)
```

ここでは3度状態を書き込んでいます。このコードを実行しているゴルーチンが最後の書き込みの前にキャンセルした場合、なんとかしてその前の2つのwriteTallyToStateの呼び出しをキャンセルしなければなりません。対照的に次のコードではその必要はありません。

```
result := add(1, 2, 3, 4, 5, 6, 7, 8, 9)
writeTallyToState(result)
```

このコードではロールバックを気にしなければいけない領域はずっと小さくなります。キャンセル処理がwriteTallyToStateへの呼び出しのあとに発生した場合、依然として変更を戻す方法は必要ですが、状態を一度しか変更していないため、これが起きる可能性はずっと小さいでしょう。

そのほかに気にしなければならないのは複製したメッセージです。たとえば3つのステージからなるパイプラインがあるとします。ジェネレーターのステージ、そしてステージAとステージBです。ジェネレーターのステージではチャネルから最後に読み込みを行ってからの経過時間を計測することでステージAを監視しており、現在のインスタンスの性能が悪くなったら新しいインスタンスA2を起動します。新しいインスタンスが起動されると、複製されたメッセージをステージBが受け取る可能性があります（図5-1）。

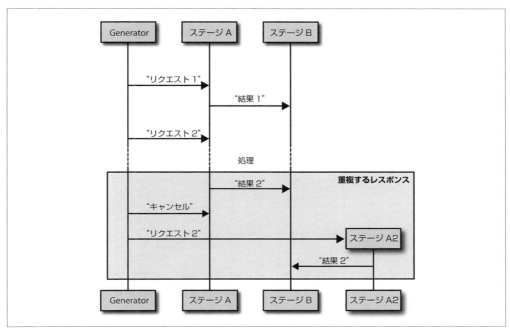

図5-1：メッセージの複製が起きる例

　これを見ればステージAがすでにステージBに結果を送ってしまった後にキャンセル処理のメッセージが来た場合に、ステージBが複製したメッセージを受け取る可能性があることがわかるでしょう。

　複製されたメッセージを送らないようにする方法がいくつかあります。一番簡単な（そして私が推薦する）方法は、子のゴルーチンが結果を送ってしまった後に親のゴルーチンがキャンセルのシグナルを送ってしまう状態をほとんどなくしてしまうことです。これを実現するにはステージ間で双方向のやり取りが必要となります。これは**5.3 ハートビート**の節で扱います。他の手法としては次のとおりです。

> **最初か最後に報告された結果だけを受け入れる**
>
> アルゴリズムで実現可能であったり、並行処理のプロセスが冪等であるなら、単純に下流のプロセスで受け取られるメッセージが複製されていることを踏まえた上で、受け取ったメッセージのうち最初か最後のどちらかを受け入れるようにすれば良いでしょう。

> **親のゴルーチンに対しポーリングして許可を得る**
>
> 親と双方向のやり取りをして明示的にメッセージを送る許可を得ることもできます。先に触れたように、これはハートビートに似た手法です。図解すると**図5-2**のようになります。ステージBのチャネルへの書き込み許可を明示的に求めているため、ハートビートよりもずっと安全

な方法と言えます。しかしながら、実践ではこれほどまでの安全性は滅多に必要にはならず、またハートビートよりもずっと複雑で、かつハートビートが一般的により便利なため、ハートビートだけを使うことをおすすめします。

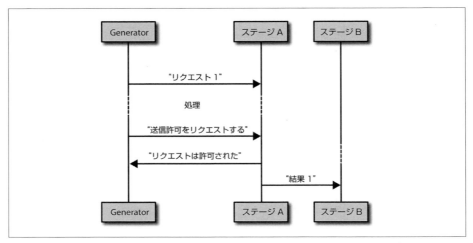

図5-2：親のゴルーチンをポーリングする例

並行処理のプロセスを設計するときには、タイムアウトとキャンセル処理を考慮するようにしましょう。ソフトウェア工学での他の多くの話題と同様に、タイムアウトとキャンセル処理を始めから無視して後から追加しようとするのは、ケーキを焼いた後に卵を入れようとするのと同じようなものです。

5.3　ハートビート

　ハートビートは並行処理のプロセスが生きていることを外に伝える方法です。ハートビートという名前は人間が心拍によって観測者に生命活動があることを伝えることにたとえて名付けられました。ハートビートはGoが誕生する以前から存在する手法で、Goでも役立っています。
　並行処理のコードでハートビートが面白い理由がいくつかあります。ハートビートがあるとシステムの内部を調査できるようになりますし、それなしではおそらく決定的でないシステムのテストを決定的なものにできます。
　この節で扱うハートビートには2つの異なる種類のものがあります。

- 一定周期で発生するハートビート
- 仕事単位の最初に発生するハートビート

　一定周期で発生するハートビートは、ある単位の仕事を処理するために他の何かが起きるのを待っ

ているような並行処理のコードに便利です。その理由は、その仕事がいつやってくるかわからないし、ゴルーチンがその何かが起きるまでしばらく待機しているからです。ハートビートはそのリスナーに対して、万事順調で、何も起きていないのは期待したとおりの動作であることを通知する方法です。

次のコードはハートビートを出しているゴルーチンの例です[†5]。

```go
doWork := func(
    done <-chan interface{},
    pulseInterval time.Duration,
) (<-chan interface{}, <-chan time.Time) {
    heartbeat := make(chan interface{}) // ❶
    results := make(chan time.Time)
    go func() {
        defer close(heartbeat)
        defer close(results)

        pulse := time.Tick(pulseInterval) // ❷
        workGen := time.Tick(2*pulseInterval) // ❸

        sendPulse := func() {
            select {
            case heartbeat <-struct{}{}:
            default: // ❹
            }
        }
        sendResult := func(r time.Time) {
            for {
                select {
                case <-done:
                    return
                case <-pulse: // ❺
                    sendPulse()
                case results <- r:
                    return
                }
            }
        }

        for {
            select {
            case <-done:
                return
            case <-pulse: // ❺
                sendPulse()
            case r := <-workGen:
                sendResult(r)
            }
        }
```

---

†5 訳注: 次のサンプルコードではtime.Tick()で生成したTickerを使っていますが、この場合TickerをCloseできないので、本番で利用する場合には用途に注意してください。

```
    }()
    return heartbeat, results
}
```

❶ ハートビートを送信する先のチャネルを設定します。このチャネルをdoWorkより返します。

❷ 与えられたpulseIntervalの周期でハートビートの鼓動を設定します。pulseIntervalごとにこのチャネルでは何かしら読み込みできるようになります。

❸ 仕事が入ってくる様子のシミュレートに使われる別のティッカーです。ここではpulseIntervalよりも大きな周期を選びました。これによりゴルーチンからハートビートがやってくるのを確認できます。

❹ default節を含めていることに注意してください。誰もハートビートを確認していない可能性があるということに対して常に対策をしなければなりません。ゴルーチンから送出される結果は極めて重要ですが、ハートビートの鼓動はそうではありません。

❺ doneチャネルと同様に、送信や受信をおこなうときはいつでもハートビートの鼓動に対する条件を含める必要があります。

入力を待つ間あるいは結果を送信するのを待っている間に複数の鼓動を送信しているかもしれないので、すべてのselect文はforループの中に置く必要があることに気がついたでしょうか。ここまではいいですね。どのようにこの関数を使って、どのようにその関数が送出するイベントを消費するのでしょうか。見てみましょう。

```
done := make(chan interface{})
time.AfterFunc(10*time.Second, func() { close(done) }) // ❶

const timeout = 2*time.Second // ❷
heartbeat, results := doWork(done, timeout/2) // ❸
for {
    select {
    case _, ok := <-heartbeat: // ❹
        if !ok {
            return
        }
        fmt.Println("pulse")
    case r, ok := <-results: // ❺
        if ok == false {
            return
        }
        fmt.Printf("results %v\n", r.Second())
    case <-time.After(timeout): // ❻
        return
    }
}
```

❶ 標準的なdoneチャネルを作り、10秒後に閉じます。これでゴルーチンになんらかの仕事を与え

ます。

❷ タイムアウト時間を設定します。ハートビートの周期とタイムアウトを紐付けるためにこれを使います。

❸ ここでtimeout/2を渡します。これによりハートビートが追加で鼓動を打たせて、タイムアウトに対して過敏にならなくてすむようにします。

❹ ハートビートに対してselectをかけます。結果が何もなかった場合、少なくともheartbeatチャネルからtimeout/2経過するごとにメッセージを受け取れることが保証されています。もしハートビートからの鼓動が受け取れない場合は、ゴルーチン自体に何かしら問題があるとわかります。

❺ resultsチャネルよりselectをかけます。ここでは特に面白いものはありません。

❻ ハートビートも新しい結果も受け取らなかった場合にはタイムアウトします。

このコードを実行すると次の結果が表示されます。

```
pulse
pulse
results 52
pulse
pulse
results 54
pulse
pulse
results 56
pulse
pulse
results 58
pulse
```

意図したとおり1つの結果につき2つの鼓動を受信しているのがわかります。

システムはきちんと機能しているので、ハートビートにこれ以上特に面白いことはありません。アイドル時間に関する統計情報を集めるのに使えるかもしれませんが、一定期間でのハートビートが真の力を発揮するのはゴルーチンが期待通りに動作していないときです。

次の例を考えてみましょう。たった2回の繰り返しのあとにゴルーチンを止めて、その後どちらのチャネルも閉じないことでパニックさせ、間違った実装になっているゴルーチンをシミュレートします。それでは見てみましょう。

```go
doWork := func(
    done <-chan interface{},
    pulseInterval time.Duration,
) (<-chan interface{}, <-chan time.Time) {
    heartbeat := make(chan interface{})
    results := make(chan time.Time)
    go func() {
        pulse := time.Tick(pulseInterval)
        workGen := time.Tick(2*pulseInterval)
```

```
        sendPulse := func() {
            select {
            case heartbeat <-struct{}{}:
            default:
            }
        }
        sendResult := func(r time.Time) {
            for {
                select {
                case <-pulse:
                    sendPulse()
                case results <- r:
                    return
                }
            }
        }

        for i := 0; i < 2; i++ { // ❶
            select {
            case <-done:
                return
            case <-pulse:
                sendPulse()
            case r := <-workGen:
                sendResult(r)
            }
        }
    }()
    return heartbeat, results
}

done := make(chan interface{})
time.AfterFunc(10*time.Second, func() { close(done) })

const timeout = 2 * time.Second
heartbeat, results := doWork(done, timeout/2)
for {
    select {
    case _, ok := <-heartbeat:
        if ok == false {
            return
        }
        fmt.Println("pulse")
    case r, ok := <-results:
        if ok == false {
            return
        }
        fmt.Printf("results %v\n", r)
    case <-time.After(timeout):
        fmt.Println("worker goroutine is not healthy!")
        return
    }
}
```

}

❶ ここでパニックのシミュレートをします。停止するよう指示されるまで無限ループするかわりに、先の例にあるように、2回だけ繰り返します。

このコードを実行すると次のような結果となります。

```
pulse
pulse
worker goroutine is not healthy!
```

すばらしい！2秒の間にシステムはゴルーチンに何かしら異変があったことを感知して、for-selectループを終了させています。ハートビートを使うことで、デッドロックを無事に避けられました。また、長いタイムアウトに頼ることなく決定的な実装のままになっています。このあたりの話題に関しては**5.6 不健全なゴルーチンを直す**でより深く議論します。

また、ハートビートは逆の状況でも役に立つことにも注意してください。つまり、長時間稼働しているゴルーチンがまだ起動しているけれど、それはただ送信先のチャネルへ書き込む値の生成に時間がかかっているだけだと知らせてくれます。

それではそろそろ仕事単位の最初に発生するハートビートの方に目を向けてみましょう。これはテストの際に極めて有用です。次の例では仕事単位ごとに鼓動を送信しています。

```go
doWork := func(done <-chan interface{}) (<-chan interface{}, <-chan int) {
    heartbeatStream := make(chan interface{}, 1) // ❶
    workStream := make(chan int)
    go func () {
        defer close(heartbeatStream)
        defer close(workStream)

        for i := 0; i < 10; i++ {
            select { // ❷
            case heartbeatStream <- struct{}{}:
            default: // ❸
            }

            select {
            case <-done:
                return
            case workStream <- rand.Intn(10):
            }
        }
    }()

    return heartbeatStream, workStream
}

done := make(chan interface{})
defer close(done)
```

```
heartbeat, results := doWork(done)
for {
    select {
    case _, ok := <-heartbeat:
        if ok {
            fmt.Println("pulse")
        } else {
            return
        }
    case r, ok := <-results:
        if ok {
            fmt.Printf("results %v\n", r)
        } else {
            return
        }
    }
}
```

❶ ここでバッファが1のheartbeatチャネルを作成します。これで送信待ちのものが何もなくても最低1つの鼓動が常に送られることを保証しています。

❷ ここでハートビート用に異なるselectブロックを用意しています。これをresultへの送信と同じselectブロックに入れたくなかった理由は、受信側が結果を受け取る準備ができていなかったときはかわりにハートビートの鼓動を受信してしまい現在の結果の値を受け取り損ねてしまうからです。またdoneチャネルの条件も含めていません。なぜならフォールスルーするdefaultの条件があるからです[†6]。

❸ 再度何もハートビートを待っていない可能性に対処しています。heartbeatチャネルはバッファを1で作っているため、もし何かがハートビートを待っているけれど、最初の鼓動には間に合わなかった場合、それでもなお鼓動の通知を受けます。

このコードを実行すると次の出力を得られます。

```
pulse
results 1
pulse
results 7
pulse
results 7
pulse
results 9
pulse
results 1
pulse
results 8
```

[†6] 訳注：defaultはフォールスルーで適用されるわけではなく、他の条件が合致しなかった場合に適用されるだけです。

```
pulse
results 5
pulse
results 0
pulse
results 6
pulse
results 0
```

この例では見てわかるように、期待したとおり結果ごとに1つの鼓動を受信しています。

この手法が真価を発揮するのはテストを書くときです。一定周期のハートビートも同様に使えますが、ゴルーチンが起動して仕事をしているかどうかだけを気にしているのであれば、この形式のハートビートは単純です。次のようなコードスニペットを考えてみましょう。

```
func DoWork(
    done <-chan interface{},
    nums ...int,
) (<-chan interface{}, <-chan int) {
    heartbeat := make(chan interface{}, 1)
    intStream := make(chan int)
    go func() {
        defer close(heartbeat)
        defer close(intStream)

        time.Sleep(2*time.Second) // ❶

        for _, n := range nums {
            select {
            case heartbeat <- struct{}{}:
            default:
            }

            select {
            case <-done:
                return
            case intStream <- n:
            }
        }
    }()

    return heartbeat, intStream
}
```

❶ ここでゴルーチンを起動できる状態にする前に何らかの遅延をシミュレートしています。実際にはこの遅延はあらゆる理由で発生しうるもので、非決定的です。私が経験したものでは、CPU負荷、ディスクの競合、ネットワーク遅延、あとは妖精さんによるものがありました。

DoWork関数は極めて単純なジェネレーターで、渡された数字をジェネレーターが返すチャネルに渡

します。この関数をテストしてみましょう。次のコードは悪いテストの例です。

```go
func TestDoWork_GeneratesAllNumbers(t *testing.T) {
    done := make(chan interface{})
    defer close(done)

    intSlice := []int{0, 1, 2, 3, 5}
    _, results := DoWork(done, intSlice...)

    for i, expected := range intSlice {
        select {
        case r := <-results:
            if r != expected {
                t.Errorf(
                    "index %v: expected %v, but received %v,",
                    i,
                    expected,
                    r,
                )
            }
        case <-time.After(1 * time.Second): // ❶
            t.Fatal("test timed out")
        }
    }
}
```

❶ 壊れたゴルーチンがテストでデッドロックを起こしてしまわないのに十分と思われる時間が経過したあとでタイムアウトしています。

このテストを実行すると次のような結果になります。

```
go test ./bad_concurrent_test.go
--- FAIL: TestDoWork_GeneratesAllNumbers (1.00s)
    bad_concurrent_test.go:46: test timed out
FAIL
FAIL    command-line-arguments  1.002s
```

このテストが悪い理由は非決定的だからです。私たちの例での関数では、テストが確実に落ちるようにしましたが、time.Sleepを取り除いてしまったら、状況は悪化します。テストはパスしたり失敗したりまちまちになります。

先にプロセスの外部にあるものが原因で、ゴルーチンの繰り返しの一回目に至るまでに長時間かかってしまうようになる過程について説明しました。ゴルーチンが最初にスケジュールされるかどうかすら気にしなければなりません。重要な点は、ゴルーチンでの繰り返しの一回目がタイムアウトに達するまでに起きるかどうかを保証できず、そのため可能性という概念について考え始めてしまうということです。たとえばこのタイムアウトはどれくらいの確率で起きるだろうか、という具合です。タイムアウトを伸ばすこともできますが、そうすると失敗までに時間がかかるようになり、結果としてテストが遅く

なります。

そうなっては非常によろしくありません。開発チームはテストの失敗を信じてよいのかわからなくなり、次第にこれを無視し始めます——いままで積み上げた努力が無駄になり始めている状態です。

幸いにもハートビートを使うことでこの問題は簡単に解決します。これは決定的なテストです。

```go
func TestDoWork_GeneratesAllNumbers(t *testing.T) {
    done := make(chan interface{})
    defer close(done)

    intSlice := []int{0, 1, 2, 3, 5}
    heartbeat, results := DoWork(done, intSlice...)

    <-heartbeat // ❶

    i := 0
    for r := range results {
        if expected := intSlice[i]; r != expected {
            t.Errorf("index %v: expected %v, but received %v,", i, expected, r)
        }
        i++
    }
}
```

❶ ここでゴルーチンが繰り返しを始めるというシグナルを送るのを待ちます。

このテストを実行すると次のような結果となります。

```
ok       command-line-arguments                    2.002s
```

ハートビートのおかげで、タイムアウトを使わずに安全にテストを書けました。唯一遭遇する可能性のあるリスクは、1回のイテレーションで尋常でない時間がかかってしまう場合です。もしそのテストが重要であれば、より安全な一定周期のハートビートを使って、完全に安全にできます。

一定周期のハートビートを使った場合のテストの例です。

```go
func DoWork(
    done <-chan interface{},
    pulseInterval time.Duration,
    nums ...int,
) (<-chan interface{}, <-chan int) {
    heartbeat := make(chan interface{}, 1)
    intStream := make(chan int)
    go func() {
        defer close(heartbeat)
        defer close(intStream)

        time.Sleep(2*time.Second)

        pulse := time.Tick(pulseInterval)
```

```go
            numLoop: // ❷
            for _, n := range nums {
                for { // ❶
                    select {
                    case <-done:
                        return
                    case <-pulse:
                        select {
                        case heartbeat <- struct{}{}:
                        default:
                        }
                    case intStream <- n:
                        continue numLoop // ❸
                    }
                }
            }
        }()

        return heartbeat, intStream
}

func TestDoWork_GeneratesAllNumbers(t *testing.T) {
        done := make(chan interface{})
        defer close(done)

        intSlice := []int{0, 1, 2, 3, 5}
        const timeout = 2*time.Second
        heartbeat, results := DoWork(done, timeout/2, intSlice...)

        <-heartbeat // ❹

        i := 0
        for {
            select {
            case r, ok := <-results:
                if ok == false {
                    return
                } else if expected := intSlice[i]; r != expected {
                    t.Errorf(
                        "index %v: expected %v, but received %v,",
                        i,
                        expected,
                        r,
                    )
                }
                i++
            case <-heartbeat: // ❺
            case <-time.After(timeout):
                t.Fatal("test timed out")
            }
        }
}
```

① 2つのループが必要です。1つは数のリストをrangeで回すためで、このコメントがある内側のループは数がintStreamに無事送信されるまで繰り返すものです。
② ラベルを使って内側のループから少し簡単にcontinueできるようにしました。
③ 外側のループをcontinueしています。
④ まだ最初のハートビートがゴルーチンのループに入ったことを知らせてくれるのを待っています。
⑤ タイムアウトが発生しないようにハートビートからもselectで値を取得しています。

このテストを実施すると次のような結果となります。

```
ok          command-line-arguments          3.002s
```

このバージョンのテストはずっと不明瞭であると気がついたかもしれません。テストしている対象のロジックが少しぼんやりとしています。こうした理由から――そのゴルーチンのループは起動してしまえば停止しないということがわかっているのであれば――最初のハートビートのみをブロックして、単純なrange文に移ることをおすすめします。チャネルを閉じることに失敗した場合のテスト、ループのイテレーションに時間がかかり過ぎている場合のテスト、タイミングが違ってしまっている場合のテストをそれぞれ分けて書いても良いでしょう。

ハートビートは並行処理のコードを書いている場合に必ずしも必要というわけではないですが、この節ではその有用性を例示しました。長時間稼働しているゴルーチンや、テストが必要なゴルーチンを扱う際にはこのパターンを使うことを強くおすすめします。

5.4　複製されたリクエスト

アプリケーションによってはレスポンスをできる限り速く受け取ることが最優先となるときがあります。たとえば、アプリケーションがユーザーのHTTPリクエストに対して情報を提供したり、あるいは複製されたBLOBデータを取得したりするときです。これらの例ではトレードオフができます。まずは、リクエストを複数のハンドラー（ゴルーチン、プロセス、サーバー）に対して複製して、そのうちどれか1つの他より早く返ってきた結果を使います。そうすれば即座に結果を返せます。マイナス面があるとすれば、複数のハンドラーのコピーを稼働させておくリソースが必要になるという点です。

この複製がインメモリで行われているのであれば、それほどコストがかかるものではないでしょう。しかしハンドラーの複製でプロセスやサーバー、もっと言えばデータセンターでさえも複製が必要になった場合、非常にコストの高いものになります。必要とされる決断は、コストに対して受ける利益に価値があるか否かという点でしょう。

単一のプロセス内でリクエストを複製する方法を見てみましょう。ここでは複数のゴルーチンをリクエストハンドラーとして使います。そしてゴルーチンは負荷をシミュレートするために1秒から6秒の間のランダムな時間だけスリープします。これでさまざまなタイミングで結果を返すようになり、これ

によってより速く結果を手に入れられるハンドラーを得られるようになります。

次の例は10個のハンドラーに対して模擬的なリクエストを複製する例です。

```go
doWork := func(
    done <-chan interface{},
    id int,
    wg *sync.WaitGroup,
    result chan<- int,
) {
    started := time.Now()
    defer wg.Done()

    // Simulate random load
    simulatedLoadTime := time.Duration(1+rand.Intn(5))*time.Second
    select {
    case <-done:
    case <-time.After(simulatedLoadTime):
    }

    select {
    case <-done:
    case result <- id:
    }

    took := time.Since(started)
    // Display how long handlers would have taken
    if took < simulatedLoadTime {
        took = simulatedLoadTime
    }
    fmt.Printf("%v took %v\n", id, took)
}

done := make(chan interface{})
result := make(chan int)

var wg sync.WaitGroup
wg.Add(10)

for i:=0; i < 10; i++ { // ❶
    go doWork(done, i, &wg, result)
}

firstReturned := <-result // ❷
close(done) // ❸
wg.Wait()

fmt.Printf("Received an answer from #%v\n", firstReturned)
```

❶ ここでリクエストを扱う10個のハンドラーを起動します。

❷ この行ではハンドラー群の中から最初に返された値を取り出します。

❸ 残りすべてのハンドラーをキャンセルします。こうすることで不必要な仕事をし続けないように

します。

このコードを実行すると次のような結果となります。

```
8 took 1.000211046s
4 took 3s
9 took 2s
1 took 1.000568933s
7 took 2s
3 took 1.000590992s
5 took 5s
0 took 3s
6 took 4s
2 took 2s
Received an answer from #8
```

この実行では、ハンドラー8番が最も速く結果を返したようです。ここで各ハンドラーがどれくらいの時間がかかったかもしれないかを表示しているのは、この技術によってどれほどの時間が節約できたかがわかるようにするためです。たとえば、あなたが1つしかハンドラーを起動せず、そのハンドラーがたまたまこの例のハンドラー5番のような性能だった場合を考えてください。その場合は1秒少々ではなく、5秒も待たなければならないでしょう。

この手法で唯一注意すべきことは、すべてのハンドラーがリクエストに対して等しく処理できる機会を持つ必要があるということです。言い換えると、リクエストを処理できないハンドラーからは最速で結果を得ることはできないということです。先に述べたように、ハンドラーが処理のために使うリソースはどんなものであろうと同様に複製する必要があります。

同じ問題を別の見方でいうと統一性です。もし複数のハンドラーが似通っていれば、異常値も小さくなるでしょう。この例のようにリクエストを異なるランタイム条件のハンドラーにだけ複製するべきです。ランタイム条件というのは、プロセス、マシン、データストアへのパス、あるいは異なるデータストアへのアクセスなどをまとめたものです。

こうした環境を設定し維持するには高いコストが必要ではありますが、もし速度が目的であれば、これは価値のある手法です。加えて、この手法は自然と障害耐性やスケーラビリティももたらします。

5.5 流量制限

サービスのAPIを触ったことがある人なら、APIの流量制限に悪戦苦闘した経験があるでしょう。流量制限というのは、ある種のリソースへのアクセス回数を一定時間の間に有限の回数に制限することを指します。ここでいうリソースはあらゆるものを指します。APIへの接続、ディスクへの読み書き、ネットワークパケット、エラーなどです。

これまでに、なぜサービスが流量制限をかけるか考えたことがありますか。なぜシステムに対する自

由なアクセスを許してくれないのでしょうか。最も自明な回答は、システムに流量制限を加えることで、あなたのシステムに対するあらゆる攻撃を防げるからです。悪意のあるユーザーがリソースが許す限り素早くシステムにアクセスできた場合、彼らは何でもできてしまいます。

たとえば、悪意のあるユーザーは頻繁にアクセスすることでログメッセージや正しいリクエストによってサービスのディスクをいっぱいにさせることもできるでしょう。ログローテーションの設定を間違えていると、何か悪意があることを実行し、アクティビティに関する記録がログから溢れて/dev/nullに流れてしまうほどのリクエストを投げることもできます。リソースに対して総当り攻撃を仕掛けたり、単純にDDoS（分散型サービス妨害）攻撃を仕掛けることもできます。重要な点は、システムに流量制限をかけていないと、システムを簡単には保護できないということです。

流量制限をする理由は悪意のある利用だけではありません。分散システムではまっとうなユーザーであっても、非常に高負荷の操作を実行していたり、実行しているコードにバグが多いと、そのシステムの性能を下げ他のユーザーに悪影響を与えてしまうことがあります。これは先に紹介したデススパイラルを引き起こしかねません。製品の観点から言うとこれはひどいことです！通常、サービス提供者はユーザーにどの程度の性能を安定して提供できるかをある程度保証したいものです。一人のユーザーの行動でその基準に悪い影響が出てしまうのであれば、良くない状況にあると言えます。ユーザーの想定では、通常システムへのアクセスはサンドボックス化されていて、他人の動作には影響を与えないし、また自分も他人から影響を及ぼされないと考えています。その前提を壊してしまうと、システムがちゃんと開発されていないと感じられ、場合によってはユーザーが怒ったりあるいは（そのシステムを）使わなくなってしまったりします。

たった1人のユーザーに対してでも、流量制限は都合が良いものです。多くの場合、システムはよくある利用条件に合わせて開発されていますが、異なる状況下においては異なる振る舞いをはじめるでしょう。分散システムのような複雑なシステムでは、この影響がシステム全体に波及して、根本的に意図しない結果になりえます。パケットを受け取り損ねるくらいの負荷では、分散データベースはクォーラム（定足数）[†7]を失って、書き込みの受け入れを止めて、それによって既存のリクエストが失敗するようになり、という具合に連鎖が起こります。こうした連鎖が悪い結果になっていくさまを確認できます。システムが自分自身にDDoS攻撃のようなものを仕掛けてしまうことはちらほら起こっているのです！

> ## 現場からの声
>
> 私はかつて、分散システムに関わっていたことがあります。それは新しいプロセスを起動することで処理を並列にスケールアウトさせていくものでした。（この設計によって、複数のマシンを

[†7] 訳注：https://ja.wikipedia.org/wiki/Quorum

水平にスケールアウトできました)。各プロセスはデータベースへの接続を開いて、データを読み込んで、計算をします。しばらくはこのようなやり方でシステムをスケールさせて、顧客の要求に見合った素晴らしい成功をおさめていました。しかしながら、しばらくしてからシステムの利用率が高まって、データベースからの読み込みがタイムアウトしてしまうようになってしまいました。

　私たちのデータベース管理者はログをじっくりと読んで、何が問題なのか見つけようとしました。最終的に、システムに流量制限がまったく設けられていなかったことが発覚して、プロセスがお互いに足踏みしている状態になっているとわかりました。ディスクの競合が1 00%にスパイクして、異なるプロセスがディスクの異なる箇所からデータを読み込もうとするせいで、そのままの状態になっていました。そうしてある種サディスティックなほどのラウンドロビンとタイムアウトの繰り返しになってしまいました。ジョブはまったく終了しませんでした。

　システムはデータベースに接続できる数に対して制限を設け、1つの接続が1秒間に読み込めるデータ量に対しても流量制限が設けられました。こうして問題はなくなりました。顧客はこれまでよりもジョブが終了するまでに長い時間待たなければならなくなりましたが、それでもジョブは終了するようになりました。そして、私たちはシステムの可用性を拡張するキャパシティプランニングをしっかりと正しく計画できるようになりました。

　流量制限を設けることで、調査済みの境界の外側に行ってしまうことを防ぎ、システムの性能と安定性を推測できるようになります。これらの境界を広げる必要が出てきたら、多くのテストと休憩のコーヒーを費やして統制しながら進めていくことで実現可能です。

　あなたのシステムへのアクセスを課金している状況で、流量制限はあなたのサービスのユーザーと健全な関係を維持してくれます。ユーザーに対して厳しい流量制限をかけた状態でシステムを試せます。Googleはクラウドサービスを提供するこの点において、非常にうまくやっています。

　ユーザーが有料会員になった後には、流量制限はユーザーを守ることにさえなります。システムへのアクセスはたいていの場合プログラムによるもので、暴走してあなたの有料のシステムにアクセスしてしまうようなバグを混入させてしまうことが非常に簡単に起きます。これは非常に金銭的損失が大きいミスでサービスの所有者とユーザーの両者が対応を考えなければならない、双方に気まずい状況を引き起こします。サービスの所有者がコストを負担してユーザーの意図しなかったアクセスを見逃しますか。それともユーザーとの関係が決定的に気まずくなっても強制的に請求しますか。

　流量制限はしばしば制限されているリソースを作る側の観点から決められていると思われていますが、流量制限は利用する側でも使われています。私があるサービスのAPIの使い方を理解しようとしている場合には、自分の首を絞めないように流量制限を強くすることによって大きな安心感を得ています。

そんな流量には絶対にならないという量を制限とする場合でも、流量制限はとりあえずつけたほうがよいと思うには十分な理由をご紹介できたと思います。流量制限つきのシステムを作るのはとても単純ですし、流量制限を使うべきでないとするにはもったいないくらい多くの問題を解決します[†8]。

では、Goでは流量制限をどのように実装するのでしょうか。

たいていの流量制限はトークンバケットと呼ばれるアルゴリズムを使っています。このアルゴリズムは容易に理解できて、実装も比較的簡単です。早速その理論の背景を見てみましょう。

リソースを利用するためには、そのリソースに対するアクセストークンを持っていなければならないと想定します。トークンなしでのリクエストは拒否されます。この前提で、これらのトークンがバケットの中に保管されていて、使われるのを待っているとします。バケットには深さdが定義されていて、これはバケットが一度にd個のアクセストークンを保管できるということを意味しています。たとえば、バケットの深さが5だった場合、バケットには5つのトークンが保存されています。

リソースにアクセスする必要があるときはいつでも、バケットからトークンを取り出します。バケットに5つトークンがある場合には、リソースには5回アクセスできます。しかし6回めのアクセスでは、アクセストークンが得られません。リクエストをキューに入れてトークンが再び得られるまで待つか、リクエストを拒否するかのどちらかを選ばなければなりません。

概念の可視化を助けてくれるタイムテーブルを用意しました。timeの単位は秒で、時間の差分を表しています。bucketはバケット内のリクエストトークンの数を表しています。request列内のtokは成功したリクエストを示しています（この表とこれ以降の表では、可視化を単純にするために、リクエストは即座に行われたものとします）。

time	bucket	request
0	5	tok
0	4	tok
0	3	tok
0	2	tok
0	1	tok
0	0	
1	0	
	0	

最初の1秒で5つのリクエストすべてを実行できており、その後トークンがもうないためブロックされたことがわかります。

ここまでは非常にわかりやすいですね。再度トークンを補充したらどうなるでしょうか。トークンバケットアルゴリズムでは、rという、トークンがバケットに戻される速度を定義しています。rは1ナノ秒あたり1つのこともあれば、1秒に1つのこともあります。これが通常わたしたちが考えるところの流

[†8] 訳注：実際は単純ではないですが、実装コストに対してシステムが受ける恩恵は大きいでしょう。

量制限にあたります。なぜなら、新しいトークンが得られるまで待たなければならず、処理をその更新の速度に制限するからです。

次の表は深さ1のバケットで、速度が1トークン毎秒の例です。

time	bucket	request
0	1	
0	0	tok
1	0	
2	1	
2	0	tok
3	0	
4	1	
4	0	tok

はじめは即座にリクエストができているけれど、その後のリクエストは1秒おきに制限されているのがおわかりかと思います。流量制限がうまく動いています！

操作できる設定項目が2つあります。1つめは即座に使えるトークンの数（バケットの深さであるd）で、もう1つはトークンが補充される速度（r）です。これらの2つをもって、バースト性と全体の流量制限を調整できます。バースト性は単純にバケットがいっぱいのときにいくつリクエストを作れるかという意味です。

次の例はトークンバケットの深さが5で、速度が0.5トークン毎秒の場合です。

time	bucket	request
0	5	
0	4	tok
0	3	tok
0	2	tok
0	1	tok
0	0	tok
1	0 (0.5)	
2	1	
2	0	tok
3	0 (0.5)	
4	1	
4	0	tok

この例では、はじめ即座に5つのリクエストを送り、その後リクエストは2秒おきに制限されています。バーストは最初の5つです。

ユーザーはトークンのバケットを一度に消費してしまわないかもしれないことに気をつけてください。バケットの深さというのはバケットのキャパシティだけを調整しています。次の例では、ユーザーが最初2つのバーストを行った4秒後に5つのバーストを行っています。

time	bucket	request
0	5	
0	4	tok
0	3	tok
1	3	
2	4	
3	5	
4	5	
5	4	tok
5	3	tok
5	2	tok
5	1	tok
5	0	tok

ユーザーが利用できるトークンを持っている間、バースト性によってシステムへのアクセスは呼び出し元の能力によってのみ制限されます。システムに断続的にしかアクセスしないけれど、リクエスト・レスポンスの往復はなるべく早くしたいユーザーにとって、バーストはあれば便利ですがなくても良いものです。すべてのユーザーがバーストさせたときにあなたのシステムが対応しきれるか、あるいは統計的に大勢のユーザーが一度にバーストしてもシステムに影響を与えることがないと言えるようにする必要があるだけです。いずれにせよ、流量制限によってリスクを計算できるものにします。

ではこのアルゴリズムを使ってみて、実際トークンバケットアルゴリズムを実装した場合Goのプログラムはどういう挙動をするか見てみましょう。

あるAPIにアクセスするふりをしましょう。そしてそのAPIを使うにあたりGoのクライアントが提供されているとします。このAPIには2つのエンドポイントがあります。1つはファイルの読み込みで、もう1つはあるIPアドレスのドメイン名の解決です。簡単のために、実際にサービスにアクセスするのに必要であろう引数や戻り値は省略してあります。次のコードがクライアントです。

2つのエンドポイントを持つダミーのAPI接続

```go
func Open() *APIConnection {
    return &APIConnection{}
}

type APIConnection struct {}

func (a *APIConnection) ReadFile(ctx context.Context) error {
    // 何か処理をしたということにする
    return nil
}

func (a *APIConnection) ResolveAddress(ctx context.Context) error {
    // 何か処理をしたということにする
    return nil
}
```

理論的には、このリクエストはネットワーク経由でおこなうので、context.Contextを最初の引数にとってリクエストをキャンセルしたり、サーバーに値を渡す必要がある場合に備えます。極めて普通の処置です。

今度はこのAPIにアクセスする簡単なドライバーを作ります。ドライバーは10個のファイルにアクセスして、10個のアドレスの名前解決をする必要があります。しかしファイルとアドレスはお互いに関係なく、それゆえドライバーはこれらのAPI呼び出しをそれぞれ並行に行えます。このことが後々APIConnectionに対する負荷テストや流量制限に関する演習で役立ちます。

私たちのAPIにアクセスするための簡単なドライバー

```
func main() {
    defer log.Printf("Done.")
    log.SetOutput(os.Stdout)
    log.SetFlags(log.Ltime | log.LUTC)

    apiConnection := Open()
    var wg sync.WaitGroup
    wg.Add(20)

    for i := 0; i < 10; i++ {
        go func() {
            defer wg.Done()
            err := apiConnection.ReadFile(context.Background())
            if err != nil {
                log.Printf("cannot ReadFile: %v", err)
            }
            log.Printf("ReadFile")
        }()
    }

    for i := 0; i < 10; i++ {
        go func() {
            defer wg.Done()
            err := apiConnection.ResolveAddress(context.Background())
            if err != nil {
                log.Printf("cannot ResolveAddress: %v", err)
            }
            log.Printf("ResolveAddress")
        }()
    }

    wg.Wait()
}
```

このコードを実行すると次のような結果になります。

```
20:13:13 ResolveAddress
20:13:13 ReadFile
20:13:13 ResolveAddress
20:13:13 ReadFile
```

```
20:13:13 ReadFile
20:13:13 ReadFile
20:13:13 ReadFile
20:13:13 ResolveAddress
20:13:13 ResolveAddress
20:13:13 ReadFile
20:13:13 ResolveAddress
20:13:13 ResolveAddress
20:13:13 ResolveAddress
20:13:13 ResolveAddress
20:13:13 ResolveAddress
20:13:13 ResolveAddress
20:13:13 ReadFile
20:13:13 ReadFile
20:13:13 ReadFile
20:13:13 ReadFile
20:13:13 Done.
```

すべてのAPIへのリクエストがほぼ同時に起きていることが見てわかると思います。流量制限をまったく行っていないので、クライアントはシステムへ自由にアクセスします。ドライバー内には無限ループを起こしうるバグが存在しうるということを思い出させる良いタイミングでしょう。流量制限をかけないと、とんでもない額の請求書を見る羽目になるかもしれません。

というわけで、流量制限を導入してみましょう！ここではAPIConnection内で実装しますが、流量制限は通常サーバー側で行われるものなので、ユーザーが簡単に迂回できないようになっています。本番環境のシステムでは拒否されるだけの不必要なAPI呼び出しをしないように、クライアント側でも流量制限をかけています。ここでは例を示すだけなので、簡単にするためクライアント側の流量制限のみにしています。

これから見ていく例はgolang.org/x/time/rateパッケージのトークンバケットによる流量制限の実装を使ったものです。このパッケージを使った理由は、準標準パッケージだからです。確かに他にもより多くの機能がついた同様のライブラリがあり、本番環境で使うにはそちらのほうが良いかもしれません。golang.org/x/time/rateパッケージは極めて単純で、今回の例には十分でしょう。

このパッケージで最初に使う2つの機能はLimit型とNewLimiter関数です。次のように定義されています。

```
// Limit defines the maximum frequency of some events.  Limit is
// represented as number of events per second.  A zero Limit allows no
// events.
type Limit float64

// NewLimiter returns a new Limiter that allows events up to rate r
// and permits bursts of at most b tokens.
func NewLimiter(r Limit, b int) *Limiter
```

NewLimiterには、2つのおなじみのパラメーターがあります。説明にも登場したrとbです。rは先

に紹介した速度で、bはバケットの深さです。

またrateパッケージはヘルパーメソッドであるEveryも用意しています。これはtime.DurationのLimitへの変換を補助してくれます。

```
// Every converts a minimum time interval between events to a Limit.
func Every(interval time.Duration) Limit
```

Every関数がやろうとしていることはわかりますが、私は流量制限を時間あたりの操作数で行いたいのであって、リクエストの間隔で行おうとしているわけではありません。やりたいことをコードで書くと次のようになります。

```
rate.Limit(events/timePeriod.Seconds())
```

しかしこれを毎回書きたくもないですし、Every関数にはインターバルがゼロだった場合にrate.Inf——制限なしを表す——を返す特別なロジックがあります。こうした理由から、独自のヘルパー関数をEvery関数を使って、こう表現します。

```
func Per(eventCount int, duration time.Duration) rate.Limit {
    return rate.Every(duration/time.Duration(eventCount))
}
```

rate.Limiterを作成したあとは、アクセストークンを得られるまでリクエストを拒否するためにそれを使いたいですね。Waitメソッドを使うことで実現できます。WaitはWaitNを引数1で呼んだのと同じことになります。

```
// Wait is shorthand for WaitN(ctx, 1).
func (lim *Limiter) Wait(ctx context.Context)

// WaitN blocks until lim permits n events to happen.
// It returns an error if n exceeds the Limiter's burst size, the Context is
// canceled, or the expected wait time exceeds the Context's Deadline.
func (lim *Limiter) WaitN(ctx context.Context, n int) (err error)
```

これで私たちのAPIリクエストに流量制限をかけるために必要な要素がすべて揃いました。APIConnection型を修正して、試してみましょう。

```
func Open() *APIConnection {
    return &APIConnection{
        rateLimiter: rate.NewLimiter(rate.Limit(1), 1), // ❶
    }
}

type APIConnection struct {
    rateLimiter *rate.Limiter
}

func (a *APIConnection) ReadFile(ctx context.Context) error {
```

```
    if err := a.rateLimiter.Wait(ctx); err != nil { // ❷
        return err
    }
    // Pretend we do work here
    return nil
}

func (a *APIConnection) ResolveAddress(ctx context.Context) error {
    if err := a.rateLimiter.Wait(ctx); err != nil { // ❷
        return err
    }
    // Pretend we do work here
    return nil
}
```

❶ ここですべてのAPI接続に対して1秒に1つのイベントという流量制限をかけます。

❷ 流量制限のあとリクエストを完結させるのに十分な数のアクセストークンが揃うまで待機します。

このコードを実行すると次のとおりです。

```
22:08:30 ResolveAddress
22:08:31 ReadFile
22:08:32 ReadFile
22:08:33 ReadFile
22:08:34 ResolveAddress
22:08:35 ResolveAddress
22:08:36 ResolveAddress
22:08:37 ResolveAddress
22:08:38 ResolveAddress
22:08:39 ReadFile
22:08:40 ResolveAddress
22:08:41 ResolveAddress
22:08:42 ResolveAddress
22:08:43 ResolveAddress
22:08:44 ReadFile
22:08:45 ReadFile
22:08:46 ReadFile
22:08:47 ReadFile
22:08:48 ReadFile
22:08:49 ReadFile
22:08:49 Done.
```

先ほどはAPIリクエストのすべてを同時に処理していましたが、今度は1秒につき1つのリクエストを処理しています。流量制限がうまく動いているようです！

この実装は非常に基本的な流量制限を実現していますが、本番環境ではもう少し複雑なものが欲しくなることでしょう。おそらく制限に複数の基準を設けたくなります。細かい基準では1秒あたりのリクエスト数を制限して、粗い基準では1分あたり、1時間あたり、あるいは1日あたりのリクエスト数を制限します。

特定の例では、単一の流量制限をかけるだけで実現可能です。しかしながら、すべての状況でうまくいくわけではありません。また、一定時間あたりの制限を単一の層だけにかけようとすると、流量制限をかける本来の意図に関する情報を失ってしまいます。こうした理由から、流量制限をかける条件を別々に管理して、それらをまとめていくほうが簡単であると気が付きました。この結論から、簡単な流量制限のまとめ役機能である`multiLimiter`を作りました。次のように定義します。

```go
type RateLimiter interface { // ❶
    Wait(context.Context) error
    Limit() rate.Limit
}

func MultiLimiter(limiters ...RateLimiter) *multiLimiter {
    byLimit := func(i, j int) bool {
        return limiters[i].Limit() < limiters[j].Limit()
    }
    sort.Slice(limiters, byLimit) // ❷
    return &multiLimiter{limiters: limiters}
}

type multiLimiter struct {
    limiters []RateLimiter
}

func (l *multiLimiter) Wait(ctx context.Context) error {
    for _, l := range l.limiters {
        if err := l.Wait(ctx); err != nil {
            return err
        }
    }
    return nil
}

func (l *multiLimiter) Limit() rate.Limit {
    return l.limiters[0].Limit() // ❸
}
```

❶ ここで`RateLimiter`インターフェースを定義して`MultiLimiter`が再帰的に他の`MultiLimiter`インスタンスを定義できるようにします。

❷ 最適化を実装して各`RateLimiter`の`Limit()`でソートします。

❸ `multiLimiter`がインスタンス化されたときに子の`RateLimiter`インスタンスをソートするので、単純にスライスの最初の要素になっている、最も厳しい制限を返せます。

`Wait`メソッドはすべての子の流量制限のインスタンスを辿って、それぞれの`Wait`を呼び出します。これらのメソッドの呼び出しはブロックするかもしれませんし、しないかもしれませんが、トークンバケット内のトークン数を減らせるよう流量制限のインスタンスそれぞれに通知する必要があります。各インスタンスを待つことで、最も長い待機時間を待つことが保証されています。なぜなら、もし最長の

待機時間の一部しか待機しなかった場合、最も長く待機する制限に関しては再計算された結果の残り時間を待機するだけになるからです。これは短い待機時間のものがブロックしている間に、長い待機時間のものがバケットにトークンを充填していることによります。それ以降の待機時間のものは即座に返されます。

これで複数の流量制限からなる流量制限を表現する方法がわかったので、早速それを使ってみましょう。APIConnectionを再定義して、1秒ごとの制限と1分ごとの制限を設定しましょう。

```go
func Open() *APIConnection {
    secondLimit := rate.NewLimiter(Per(2, time.Second), 1) // ❶
    minuteLimit := rate.NewLimiter(Per(10, time.Minute), 10) // ❷
    return &APIConnection{
        rateLimiter: MultiLimiter(secondLimit, minuteLimit), // ❸
    }
}

type APIConnection struct {
    rateLimiter RateLimiter
}

func (a *APIConnection) ReadFile(ctx context.Context) error {
    if err := a.rateLimiter.Wait(ctx); err != nil {
        return err
    }
    // 何か処理をしたということにする
    return nil
}

func (a *APIConnection) ResolveAddress(ctx context.Context) error {
    if err := a.rateLimiter.Wait(ctx); err != nil {
        return err
    }
    // 何か処理をしたということにする
    return nil
}
```

❶ バースト性なしで1秒ごとの制限を定義します。

❷ 1分ごとの制限をバースト性10に設定して、ユーザーに初期値のバッファを与えます。1秒ごとの制限によってシステムに対するリクエストで過負荷がかからないようにしています。

❸ 2つの制限を組み合わせて、APIConnectionのマスターの流量制限としています。

このコードを実行すると次の結果となります。

```
22:46:10 ResolveAddress
22:46:10 ReadFile
22:46:11 ReadFile
22:46:11 ReadFile
22:46:12 ReadFile
22:46:12 ReadFile
```

```
22:46:13 ReadFile
22:46:13 ReadFile
22:46:14 ReadFile
22:46:14 ReadFile
22:46:16 ResolveAddress
22:46:22 ResolveAddress
22:46:28 ReadFile
22:46:34 ResolveAddress
22:46:40 ResolveAddress
22:46:46 ResolveAddress
22:46:52 ResolveAddress
22:46:58 ResolveAddress
22:47:04 ResolveAddress
22:47:10 ResolveAddress
22:47:10 Done.
```

ご覧のとおり、11番めのリクエストまでは1秒間に2つのリクエストをしています。11番めのリクエストから6秒おきにリクエストしはじめています。これは1分間に得られるリクエストトークンを使い果たしてしまい、設定した制限にひっかかってしまっているからです。

11番めのリクエストが残りのリクエストと同様に6秒後ではなく2秒後に起きた理由はすこし直感に反するかもしれません。APIのリクエスト制限を1分間に10と設定しましたが、1分の枠は常に動いています。11番目のリクエストを受けるときには1分間の流量制限のインスタンスは新たなトークンを得ています。

このように制限を定義することで、より細かな基準のリクエスト数の制限はかけつつも、粗い基準の制限を平易に記述できるようになります。

またこの手法は時間以外の次元に関しても考えるきっかけを与えてくれます。システムの流量制限をするときに、あなたはおそらく1つ以上のものを制限しているはずです。APIへのリクエスト数になんらかの制限をかけているのに加え、ディスクやネットワークへのアクセスなどの他のリソースにも制限をかけているはずです。私たちの例をもう少し整えてから、ディスクやネットワークへの流量制限も設定しましょう。

```
func Open() *APIConnection {
    return &APIConnection{
        apiLimit: MultiLimiter( // ❶
            rate.NewLimiter(Per(2, time.Second), 2),
            rate.NewLimiter(Per(10, time.Minute), 10),
        ),
        diskLimit: MultiLimiter( // ❷
            rate.NewLimiter(rate.Limit(1), 1),
        ),
        networkLimit: MultiLimiter( // ❸
            rate.NewLimiter(Per(3, time.Second), 3),
        ),
    }
}
```

```
type APIConnection struct {
    networkLimit,
    diskLimit,
    apiLimit RateLimiter
}

func (a *APIConnection) ReadFile(ctx context.Context) error {
    err := MultiLimiter(a.apiLimit, a.diskLimit).Wait(ctx) // ❹
    if err != nil {
        return err
    }
    // 何か処理をしたということにする
    return nil
}

func (a *APIConnection) ResolveAddress(ctx context.Context) error {
    err := MultiLimiter(a.apiLimit, a.networkLimit).Wait(ctx) // ❺
    if err != nil {
        return err
    }
    // 何か処理をしたということにする
    return nil
}
```

❶ ここでAPI呼び出しの流量制限を設定しています。1秒間と1分間の両方のリクエスト数の上限を設定しています。

❷ ここでディスクの読み込みに対する流量制限を設けます。1秒間に1回の読み込みのみを制限とします。

❸ ネットワークに関しては、1秒間に3リクエストまでの制限とします。

❹ ファイルの読み込みをおこなうときは、APIへの制限とディスクへの制限を組み合わせます。

❺ ネットワークアクセスが必要なときは、APIへの制限とネットワークへの制限を組み合わせます。

このコードを実行すると次の結果となります。

```
01:40:15 ResolveAddress
01:40:15 ReadFile
01:40:16 ReadFile
01:40:17 ResolveAddress
01:40:17 ResolveAddress
01:40:17 ReadFile
01:40:18 ResolveAddress
01:40:18 ResolveAddress
01:40:19 ResolveAddress
01:40:19 ResolveAddress
01:40:21 ResolveAddress
01:40:27 ResolveAddress
01:40:33 ResolveAddress
01:40:39 ReadFile
```

```
01:40:45 ReadFile
01:40:51 ReadFile
01:40:57 ReadFile
01:41:03 ReadFile
01:41:09 ReadFile
01:41:15 ReadFile
01:41:15 Done.
```

各呼び出しがなぜ起きたかを説明するためにまた表を書いてもいいのですが、それでは本質を見逃してしまうかもしれません。かわりに、各呼び出しが制限を満たすように理論的な流量制限を組み合わせることができて、APIConnectionが正しい挙動をしたという事実に注目しましょう。この流量制限がどのように動作するかを観察した簡単な解説がほしいということであれば、ネットワークへのアクセスに関係するAPI呼び出しは一定の間隔で起きていて、呼び出しの始めの三分の二で終了しているということは言えるでしょう。この結果はおそらくゴルーチンがスケジュールされたタイミングにも関係していますが、それよりも流量制限がきちんと仕事をしていることによる影響のほうが強いでしょう！

またrate.Limiter型には最適化と異なる使用事例に関して他にいくつか機能があることも触れておくべきでしょう。ここまでではrate.Limiterがトークンバケットに新しいトークンが来るまで待機できる能力についてしか話していませんでした。しかし、rate.Limiterに興味があるのであれば、他にもできることがあるということを知っておいてください。

この節では、流量制限を使うべき理由、流量制限を構築するための理論、Goでのトークンバケットアルゴリズムの実装、そしてトークンバケットの流量制限を組み合わせてより大きく複雑な流量制限を作る方法について見てきました。この節では流量制限の概要をしっかりお伝えできたと思います。そして実際に流量制限を使うときに役立つことでしょう。

5.6 不健全なゴルーチンを直す

デーモンのような長期間稼働し続けるプロセスに、長時間稼働し続けるゴルーチンがたくさん存在するのはごくありふれたことです。こうしたゴルーチンは通常ブロックされていて、なんらかの方法でデータがやってくるのを待機しています。データが来たら起動して、処理をし、そのデータを別の場所に渡せるようにです。ときどきゴルーチンはあなたが制御できないリソースに依存しています。おそらく、ゴルーチンはウェブサービスからデータを引っ張ってくるようなリクエストを受信したり、一時的なファイルを監視したりします。重要な点はゴルーチンが外部の助けなしには回復できない悪い状態に留まってしまうことがあり得るということです。関心の分離の観点から言うと、ゴルーチン自身が悪い状態から回復する方法を知るというのは、ゴルーチンの関心事として扱われるべきでないと言われるかもしれません。長時間稼働しているプロセスにおいては、ゴルーチンが健全な状態にあるようにして、不健全な状態になったら再起動する仕組みを作るのは有益なことです。このゴルーチンを再起動する

流れを「回復」と呼びます[†9]。

ゴルーチンを直すために、ハートビートパターンを使って監視しているゴルーチンの生存を確認します。ハートビートの種類は何を監視するかによって決まりますが、そのゴルーチンがライブロックになりそうであれば、ハートビートにはゴルーチンが起動しているかどうかだけでなく、実際に処理をしているかも含めるようにしてください。この節では単純化のためにゴルーチンの死活だけを考えます。

ここではゴルーチンの健全性を監視するロジックを**管理人** *(steward)* とよび、管理人が監視するゴルーチンを**中庭** *(ward)* と呼びます。管理人は中庭にいるゴルーチンが不健全になったら再起動する責任も負っています。そのためには、そのゴルーチンを起動する関数への参照が必要になるでしょう。管理人がどのような実装になるか見てみましょう。

```go
type startGoroutineFn func(
    done <-chan interface{},
    pulseInterval time.Duration,
) (heartbeat <-chan interface{}) // ❶

newSteward := func(
    timeout time.Duration,
    startGoroutine startGoroutineFn,
) startGoroutineFn { // ❷
    return func(
        done <-chan interface{},
        pulseInterval time.Duration,
    ) (<-chan interface{}) {
        heartbeat := make(chan interface{})
        go func() {
            defer close(heartbeat)

            var wardDone chan interface{}
            var wardHeartbeat <-chan interface{}
            startWard := func() { // ❸
                wardDone = make(chan interface{}) // ❹
                wardHeartbeat = startGoroutine(or(wardDone, done), timeout/2) // ❺
            }
            startWard()
            pulse := time.Tick(pulseInterval)

        monitorLoop:
            for {
                timeoutSignal := time.After(timeout)

                for { // ❻
                    select {
                    case <-pulse:
                        select {
```

[†9] Erlangに詳しい人であればこの概念が解ると思います！ Erlangのスーパーバイザーは同じようなことをしています。

```
                case heartbeat <- struct{}{}:
                default:
                }
            case <-wardHeartbeat: // ❼
                continue monitorLoop
            case <-timeoutSignal: // ❽
                log.Println("steward: ward unhealthy; restarting")
                close(wardDone)
                startWard()
                continue monitorLoop
            case <-done:
                return
            }
        }
    }()

    return heartbeat
}
```

❶ 監視と再起動ができるゴルーチンのシグネチャを定義します。見慣れたdoneチャネルとハートビートパターンのpulseIntervalとheartbeatがあります。

❷ この行で管理人が監視するゴルーチンのためのtimeoutと、監視するゴルーチンを起動するためのstartGoroutine関数を取っています。興味深いことに、管理人自身はstartGoroutineFnを返していて、これは管理人自身も監視可能であることを示しています。

❸ 監視しているゴルーチンを起動するための一貫した方法としてクロージャーを定義しています。

❹ 停止すべきだとシグナルを送る必要がある場合に備えて、中庭のゴルーチンに渡す新しいチャネルを作成しています。

❺ 監視対象のゴルーチンを起動します。管理人が停止するか、管理人が中庭のゴルーチンを停止させたい場合に対象のゴルーチンには停止してもらいたいので、両方のdoneチャネルをorの中に内包します。 渡しているpulseIntervalはタイムアウト期間の半分です。これは**5.3 ハートビート**の節で話したように調整可能ではあります。

❻ 内側のループです。これは管理人が自身の鼓動を確実に外へと送信できるようにしています。

❼ 中庭の鼓動を受信したら、監視のループを継続する、という実装になっているのがわかります。

❽ タイムアウト期間内に中庭からの鼓動が受信できなければ、中庭に停止するようリクエストし、新しい中庭のゴルーチンを起動しはじめることを示している行です。その後、監視を続けます。

forループが少し賑やかですが、関連するパターンをよく知っていれば、実装は比較的実直なので読めるでしょう。それでは管理人のコードを試しに実行してみましょう。間違った振る舞いをしているゴルーチンを見つけたら何が起きるでしょうか。見てみましょう。

```go
log.SetOutput(os.Stdout)
log.SetFlags(log.Ltime | log.LUTC)

doWork := func(done <-chan interface{}, _ time.Duration) <-chan interface{} {
    log.Println("ward: Hello, I'm irresponsible!")
    go func() {
        <-done // ❶
        log.Println("ward: I am halting.")
    }()
    return nil
}
doWorkWithSteward := newSteward(4*time.Second, doWork) // ❷

done := make(chan interface{})
time.AfterFunc(9*time.Second, func() { // ❸
    log.Println("main: halting steward and ward.")
    close(done)
})

for range doWorkWithSteward(done, 4*time.Second) {} // ❹
log.Println("Done")
```

❶ このゴルーチンは何もしておらず、キャンセルされるのを待っています。また、鼓動をまったく送信していません。

❷ この行ではdoWorkが起動するゴルーチンのための管理人を作る関数を作成します。doWorkのタイムアウトは4秒に設定します。

❸ 管理人を停止させて、9秒後に中庭も停止させて、この例が終了するようにします。

❹ 最後に、管理人を起動して、鼓動をrangeで回して調べて、私たちの例が終了してしまうのを防ぎます。

この例では次のような出力を得られます。

```
18:28:07 ward: Hello, I'm irresponsible!
18:28:11 steward: ward unhealthy; restarting
18:28:11 ward: Hello, I'm irresponsible!
18:28:11 ward: I am halting.
18:28:15 steward: ward unhealthy; restarting
18:28:15 ward: Hello, I'm irresponsible!
18:28:15 ward: I am halting.
18:28:16 main: halting steward and ward.
18:28:16 ward: I am halting.
18:28:16 Done
```

このコードはかなりいい具合に動作しているようですね！中庭は少し単純ではありますが、キャンセルとハートビートに必要になるもの以外は、引数を何も取らないですし、戻り値を何も返しません。私たちの管理人と一緒に使える形をした中庭はどのように作れば良いのでしょうか。中庭に合うように管理人をその都度書き換えたり生成することで対応できますが、それは面倒ですし不必要です。かわり

に、クロージャーを使います。個別の値のリストから整数のストリームを生成する中庭を見てみましょう。

```go
doWorkFn := func(
    done <-chan interface{},
    intList ...int,
) (startGoroutineFn, <-chan interface{}) { //  ❶
    intChanStream := make(chan (<-chan interface{})) //  ❷
    intStream := bridge(done, intChanStream)
    doWork := func(
        done <-chan interface{},
        pulseInterval time.Duration,
    ) <-chan interface{} { //  ❸
        intStream := make(chan interface{}) //  ❹
        heartbeat := make(chan interface{})
        go func() {
            defer close(intStream)
            select {
            case intChanStream <- intStream: //  ❺
            case <-done:
                return
            }

            pulse := time.Tick(pulseInterval)

            for {
            valueLoop:
                for _, intVal := range intList {
                    if intVal < 0 {
                        log.Printf("negative value: %v\n", intVal) //  ❻
                        return
                    }

                    for {
                        select {
                        case <-pulse:
                            select {
                            case heartbeat <- struct{}{}:
                            default:
                            }
                        case intStream <- intVal:
                            continue valueLoop
                        case <-done:
                            return
                        }
                    }
                }
            }
        }()
        return heartbeat
    }
    return doWork, intStream
```

}

❶ 中庭に囲い込んでもらいたい値を取って、中庭からのやり取りに使うチャネルを返します。
❷ この行でブリッジパターンの一部としてチャネルのチャネルを作ります。
❸ 管理人に監視されるクロージャーを作成します。
❹ ここで中庭のゴルーチンのインスタンスの中でやり取りするチャネルを初期化します。
❺ 私たちがやり取りに使う新しいチャネルをブリッジに知らせます。
❻ この行は負の数字が来たときにエラーのログを取ってゴルーチンからreturnすることで、不健全な中庭をシミュレートしています。

中庭のインスタンスを複数起動する可能性があることがわかるので、bridgeチャネルを利用して、(4.10 bridgeチャネル参照) 単一の妨げられないチャネルをdoWorkの消費者に渡す手助けをしています。これらの手法を用いているので、単純に構成しているパターンからこの中庭の実装は無作為に複雑になりえます。この中庭の使い方の様子を見てみましょう。

```
log.SetFlags(log.Ltime | log.LUTC)
log.SetOutput(os.Stdout)

done := make(chan interface{})
defer close(done)

doWork, intStream := doWorkFn(done, 1, 2, -1, 3, 4, 5) // ❶
doWorkWithSteward := newSteward(1*time.Millisecond, doWork) // ❷
doWorkWithSteward(done, 1*time.Hour) // ❸

for intVal := range take(done, intStream, 6) { // ❹
    fmt.Printf("Received: %v\n", intVal)
}
```

❶ この行では中庭の関数を作ります。この関数は整数の可変長引数のスライスを内包して、やり取りに使えるストリームを返します。
❷ ここでdoWorkのクロージャーを監視する管理人を作成します。失敗がかなりすぐ発生することが予想されるので、監視期間を1ミリ秒だけ設定します。
❸ 管理人に中庭を起動して監視を開始するように伝えます。
❹ 最後に、構築したパイプラインのステージの1つを使ってintStreamから最初の6つの値を取得します。

このコードを実行すると次の結果となります。

```
Received: 1
23:25:33 negative value: -1
Received: 2
23:25:33 steward: ward unhealthy; restarting
```

```
Received: 1
23:25:33 negative value: -1
Received: 2
23:25:33 steward: ward unhealthy; restarting
Received: 1
23:25:33 negative value: -1
Received: 2
```

受信した値がログにばらけて表示されている中、中庭がエラーを発し、管理人がそれを検知して中庭を再起動している様が見て取れます。また値は1と2しか受け取っていないことにも気づいたかもれません。これは中庭が毎回始めから起動していることを示す兆候です。中庭を開発するとき、システムが重複した値に対して影響を受けやすいのであれば、このことを頭に入れておきましょう。また一定数以上の失敗が起きた後に起動する管理人を実装したいと思った人もいるでしょう。この例の場合、単純に起動されるときに内包するintListを更新してジェネレーターをステートフルにしたら良いでしょう。最初の実装では次のようにしていましたが

```
valueLoop:
    for _, intVal := range intList {
        // ...
    }
```

かわりにこのような実装にするわけです。

```
valueLoop:
    for {
        intVal := intList[0]
        intList = intList[1:]
        // ...
    }
```

この実装だと最初の実装で中庭が再起動する間にしていた処理はなくなりますが、引き続き不正な負の整数の値で止まってしまいますし、中庭は失敗し続けます。

このパターンの利用は長時間起動しているゴルーチンが健全な状態で起動し続ける助けになるでしょう。

5.7 まとめ

この章では、システムの問題領域が分散環境になりそうな大きなシステムを必要としたときに、システムを安定稼働させ理解しやすくするための方法を紹介しました。またこの章ではGoの並行処理のプリミティブが高階の抽象化をおこなうときにスケールすることも例示しました。並行処理を軸に据えて設計された言語の利点なしには、こうしたパターンはずっと面倒で、堅牢でないものになりがちです。

最終章では、Goのランタイムの内部構造を調べて、Goがどのように動作しているかを深く理解しま

す。またGo製のソフトウェアの開発とデバッグの仕事を少し簡単にする便利なツールをいくつか紹介します。

6章
ゴルーチンとGoランタイム

　Goを使って開発するときには、言語自体が並行処理をとても簡単にしてくれているので、並行処理を使うのは楽しいひとときです。そうしたコードを書いている最中に、裏側でランタイムが（これまで説明したようなGoの並行処理のプリミティブを）どのように調和させているか知る必要があることは非常にまれです。それでも、ランタイムの動作に関する知識が役立つことはありましたし、**2章 並行性をどうモデル化するか**で議論したことはすべてGoランタイムが可能にしています。したがって、ランタイムがどう動作するかをのぞき見てみる価値はあります。Goランタイムの動作を知ることで、よりGoに興味が湧いてきます！

　Goランタイムが行ってくれるすべての物事の中で、ゴルーチンを生成して管理してくれることが、あなたとあなたのソフトウェアにとっておそらく最も利益のあるものでしょう。Goを生んだ会社であるGoogleは計算機科学の理論とホワイトペーパーを実務に投入してきた歴史があるので、Goにもいくつかアカデミア由来のアイデアが組み込まれていることは驚きではありません。驚くべきは各ゴルーチンの裏にある叡智の量です。Goはあなたのプログラムをより性能が高いものにする強力なアイデアを巧みに扱うという素晴らしい仕事をしていますが、これらの詳細を抽象化して、開発者が実際に触る部分にはとても単純な表面だけを見せています。

6.1　ワークスティーリング

　2.3 これがどう役に立つのかや3.1 ゴルーチンといった節で話したように、GoはあなたのかわりにゴルーチンをOSスレッド上へのマルチプレキシングをしてくれています。そこで使っているアルゴリズムはワークスティーリング（仕事を奪う）戦略として知られています。それはどういう戦略でしょうか。

　まず、多くのプロセッサで仕事を共有するための単純な戦略[†1]であるフェアスケジューリングと呼ばれるものを見てみましょう。すべてのプロセッサが等しく利用されるように、利用可能なすべての

[†1]　訳注：各プロセッサーが平等に同数のタスク数を持つような戦略。

プロセッサーで負荷が均等に分散します。n個のプロセッサー（P）と実行すべきx個のタスク（T）が存在する場合を考えてみましょう。フェアスケジューリングの戦略では、各プロセッサーはx/n個のタスクを受け取ります。

```
<Schedule Task 1>
<Schedule Task 2>
<Schedule Task 3>
<Schedule Task 4>
```

残念なことに、このアプローチには問題があります。**3.1 ゴルーチン**の節の内容を思い出すと、Goはfork-joinモデルを使って並行処理を計画していました。fork-joinモデルのパラダイムではタスクはおそらくお互いに依存しあっていて、タスクをナイーブにプロセッサーに分配してしまうと、使用率が高くないプロセッサーが出てしまう可能性があります。それだけでなく、あるタスクが他のプロセッサーで稼働しているタスクと同じデータを必要としていたりするのでキャッシュの局所性が乏しくなることもあります。

先の図のように仕事が分配されるような単純なプログラムを考えてみましょう。タスク2の処理時間がタスク1とタスク3の所持時間の合計よりも長くなってしまった場合に何が起きるでしょうか。

時刻	P1	P2
	T1	T2
n+a	T3	T2
n+a+b	(idle)	T4

時刻aとbの間はプロセッサー1はアイドル状態になります。

もしタスクがお互いに依存しあっていたらどうでしょうか——もしあるプロセッサーに割り当てられたタスクが他のプロセッサーに割り当てられたタスクからの結果を必要としていたらどうでしょうか。たとえば、タスク1がタスク4に依存されていたらどうでしょうか。

時刻	P1	P2
	T1	T2
n+a	(blocked)	T2
n+a+b	(blocked)	T4
n+a+b+c	T1	(idle)
n+a+b+c+d	T3	(idle)

このシナリオでは、プロセッサー1はタスク2とタスク4が処理されている間は完全にアイドルにな

ります。プロセッサー1がタスク1にブロックされていて、プロセッサー2がタスク2で専有されている間、プロセッサー1は自身のブロックを解放してタスク4の処理ができたはずです。

そうですね、これはおそらくFIFOのキューが役に立つ基本的なロードバランス問題のようなので、それを試してみましょう。タスクはキューにスケジュールされて、プロセッサーの余裕があるとき、またはjoin待ちでブロックしているときにタスクをキューから取り出します。これは私たちが見る最初の種類のワークスティーリング[†2]です。これで問題が解決するでしょうか。

答えは多分解決するかもしれないです。この方法では使用率が高くないプロセッサーの問題を解決するので、単純にタスクをプロセッサーに均等に分けるよりはマシですが、私たちはキューというすべてのプロセッサーが使わなければならない集中的なデータ構造を導入しました。1.2.3 **メモリアクセス同期**で議論したように、頻繁にクリティカルセクションに出入りするのは極めてコストがかかることがわかっています。それだけでなく、キャッシュの局所性の問題もただ悪化しました。プロセッサーが集中的なキューに対してタスクを出し入れするたびに各プロセッサーのキャッシュにキューを載せていきます。これだけなら、粒度の大きな操作では正しい取り組み方です。しかしながら、通常ゴルーチンは粒度の大きなものではありません。したがって、集中的なキューを持つというのは私たちが取り組むワークスケジューリングのアルゴリズムとして、おそらく良い選択ではありません。

次はタスクのキューの集権化をやめることです。個々のプロセッサーに専用のスレッドと両端キュー——またの名をデック (*deque*) ——を持たせます。次のような形です。

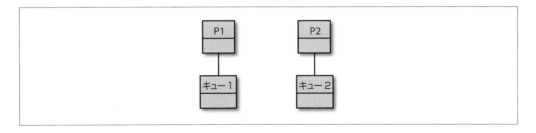

スレッドごとにデックを導入することで、競合になる頻度が高い中央集権のデータ構造の問題が解決されました。しかしキャッシュの局所性とプロセッサーの使用率に関する問題はどうでしょうか。それらの問題については、タスクの処理がP1で始まって、そこから派生するタスクがすべてP1のキュー

[†2] 訳注：ここでは「キューに溜まっているタスクを早い者勝ちで奪う処理」のこと。

に置かれた場合、どうしたら処理をP2に任せられるでしょうか。またタスクをデック間で移動する際にコンテキストスイッチの問題は発生しないのでしょうか。それではワークスティーリングアルゴリズムが分散デックに対して操作をおこなう規則をじっくり確認していきましょう。

もう一度、Goは並行処理に際してfork-joinモデルを採用していることを思い出してください。分岐 (*fork*) とはゴルーチンが開始するときを指し、合流 (*join*) 地点とは2つ以上のゴルーチンがチャネルやsyncパッケージ内の型を通して同期されるときを指します。ワークスティーリングアルゴリズムは次の基本的な規則に従います。ある実行スレッドがあったときに

1. 分岐地点では、タスクをそのスレッドに紐付いているデックの最後尾に追加します。
2. そのスレッドがアイドルなときは、他の任意のスレッドに紐付いたデックの先頭から処理を盗みます。
3. まだ実現していない合流地点（未達の合流地点、つまり、同期しているゴルーチンがまだ完了していない）において、そのスレッドが持っているデックの最後尾からタスクを取り出します。
4. もしスレッドのデックが空ならば次のどちらかを行います。
    a. 合流地点で停止する。
    b. 任意のスレッドに紐付いたデックの先頭からタスクを盗む。

この規則はいささか抽象的なので、早速実際のコードを見て、このアルゴリズムを実践で確認してみましょう。次のプログラムを見てください。これはフィボナッチ数列を再帰的に計算しているプログラムです。

```
var fib func(n int) <-chan int
fib = func(n int) <-chan int {
    result := make(chan int)
    go func() {
        defer close(result)
        if n <= 2 {
            result <- 1
            return
        }
        result <- <-fib(n-1) + <-fib(n-2)
    }()
    return result
}

fmt.Printf("fib(4) = %d", <-fib(4))
```

先ほどのワークスティーリングアルゴリズムがこのGoのプログラムでどのように動作するか見てみましょう。仮にこのプログラムは2つのシングルコアのプロセッサーを持つ仮想的なマシンで動作しているとします。プロセッサーごとにOSスレッドを1つ立ち上げます。プロセッサー1にはT1、プロセッサー2にはT2です。この例の解説をするにあたって、構造的な解説のためにT1とT2を入れ替えるこ

ともあります。実際には、すべて非決定的に決まるものです。

それではプログラムを開始しましょう。はじめに、1つのゴルーチンであるメインゴルーチンを起動します。そしてメインゴルーチンはプロセッサー1にスケジュールされたと想定します。

T1 コールスタック	T1 ワークデック	T2 コールスタック	T2 ワークデック
(メインゴルーチン)			

次にfib(4)への呼び出しまで進みます。このゴルーチンはスケジュールされてT1のデックの最後尾に配置されます。そして親のゴルーチンは引き続き処理を続けます。

T1 コールスタック	T1 ワークデック	T2 コールスタック	T2 ワークデック
(メインゴルーチン)	fib(4)		

この点で、タイミングによっては、次の2つの事象の1つが起きます。T1かT2がfib(4)への呼び出しを司るゴルーチンを盗みます。この例では、アルゴリズムを解説しやすくするためにT1がゴルーチンを盗めたとしましょう。しかし、強調しますが、これは説明のためであって、本来はどちらのスレッドにも盗める可能性があります。

T1 コールスタック	T1 ワークデック	T2 コールスタック	T2 ワークデック
(メインゴルーチン)(未達の合流地点)			
fib(4)			

fib(4)はT1で実行して、そして——加算の操作の順序は左から右なので——fib(3)とfib(2)をこの順でT1に紐付いたデックの最後尾に追加します。

T1 コールスタック	T1 ワークデック	T2 コールスタック	T2 ワークデック
(メインゴルーチン)(未達の合流地点)	fib(3)		
fib(4)	fib(2)		

この時点で、T2はまだアイドルです。したがってT2はfib(3)をT1のデックの先頭から引っ張ってきます。ここでfib(2)——fib(4)がこのデックに追加した最後のタスクで、それゆえにT1が最初に計算する必要があるものですが——はT1に残っています。これがなぜ重要かは後ほど説明します。

T1 コールスタック	T1 ワークデック	T2 コールスタック	T2 ワークデック
(メインゴルーチン)(未達の合流地点)	fib(2)	fib(3)	
fib(4)			

一方で、T1はfib(4)の処理を続けられない点まで達してしまいます。なぜならfib(4)はfib(3)とfib(2)から返されるチャネルで待っているからです。これが先のアルゴリズムのステップ3で未達の合流地点と言っていたものです。このせいで、T1は自身のデックの最後尾、ここではfib(2)を取り出

します。

T1 コールスタック	T1 ワークデック	T2 コールスタック	T2 ワークデック
(メインゴルーチン)(未達の合流地点)		fib(3)	
fib(4)(未達の合流地点)			
fib(2)			

　ここで少しややこしくなってきます。再帰アルゴリズムの中でバックトラッキングを使っていないので、fib(2)を計算するための他のゴルーチンをスケジュールします。これはT1上にたった今スケジュールされたゴルーチンとは異なる新しいゴルーチンです。たった今T1にスケジュールされたゴルーチンはfib(4)の呼び出しの一部(つまり4-2のこと)です。新しいゴルーチンはfib(3)の呼び出しの一部(つまり3-1のこと)です。次がfib(3)の呼び出しから新しくスケジュールされたゴルーチンです。

T1 コールスタック	T1 ワークデック	T2 コールスタック	T2 ワークデック
(メインゴルーチン)(未達の合流地点)		fib(3)	fib(2)
fib(4)(未達の合流地点)			fib(1)
fib(2)			

　次に、T1は再帰のフィボナッチアルゴリズムの脱出条件(n <= 2)に到達して、1を返します。

T1 コールスタック	T1 ワークデック	T2 コールスタック	T2 ワークデック
(メインゴルーチン)(未達の合流地点)		fib(3)	fib(2)
fib(4)(未達の合流地点)			fib(1)
(1 を返す)			

　次に、T2は未達の合流地点に到達して、自身のデックの最後尾からタスクを取り出します。

T1 コールスタック	T1 ワークデック	T2 コールスタック	T2 ワークデック
(メインゴルーチン)(未達の合流地点)		fib(3)(未達の合流地点)	fib(2)
fib(4)(未達の合流地点)		fib(1)	
(1 を返す)			

　今度はT1が再びアイドルになって、T2のデックの先頭からタスクを盗みます。

T1 コールスタック	T1 ワークデック	T2 コールスタック	T2 ワークデック
(メインゴルーチン)(未達の合流地点)		fib(3)(未達の合流地点)	
fib(4)(未達の合流地点)		fib(1)	
fib(2)			

　その後、T2は再度脱出条件(n <= 2)に到達して、1を返します。

T1 コールスタック	T1 ワークデック	T2 コールスタック	T2 ワークデック
(メインゴルーチン)(未達の合流地点)		fib(3)(未達の合流地点)	

T1 コールスタック	T1 ワークデック	T2 コールスタック	T2 ワークデック
fib(4)(未達の合流地点)		(1 を返す)	
fib(2)			

次に、T1もまた脱出条件に到達して1を返します。

T1 コールスタック	T1 ワークデック	T2 コールスタック	T2 ワークデック
(メインゴルーチン)(未達の合流地点)		fib(3)(未達の合流地点)	
fib(4)(未達の合流地点)		(1 を返す)	
(1 を返す)			

T2のfib(3)の呼び出しには、いま2つの実現していない合流地点があります。つまり、fib(2)とfib(1)への呼び出しは両方ともそれぞれのチャネルに結果を返して、生成された2つのゴルーチンが親のゴルーチンで合流しています——つまりfib(3)の呼び出しを管理しているゴルーチンです。このゴルーチンが加算（1+1=2）を実行して、その結果を自身のチャネルに返します。

T1 コールスタック	T1 ワークデック	T2 コールスタック	T2 ワークデック
(メインゴルーチン)(未達の合流地点)		(2 を返す)	
fib(4)(未達の合流地点)			

同じことが再度起こります。fib(4)の呼び出しを管理しているゴルーチンには2つの実現していない合流地点を持っています。そうです、fib(3)とfib(2)です。1つ前の手順でfib(3)の合流を完了したばかりで、fib(2)との合流はT2で最後に完了したタスクで終えています。再度加算が行われて（2+1=3）、その結果がfib(4)のチャネルに返されます。

T1 コールスタック	T1 ワークデック	T2 コールスタック	T2 ワークデック
(メインゴルーチン)(未達の合流地点)			
(3 を返す)			

この時点で、メインゴルーチンでの合流地点（<-fib(4)）が実現して、メインゴルーチンを進められます。結果を出力して先に進みます。

T1 コールスタック	T1 ワークデック	T2 コールスタック	T2 ワークデック
(3 を表示)			

では、このアルゴリズムの面白い性質をいくつか調べてみましょう。タスクを実行するスレッドが紐付いているタスクのデックの最後尾にタスクを追加したり（必要とあれば）取り出したりしていたことを思い出してください。デックの最後尾にあるタスクにはいくつか面白い性質があります。

最後尾のタスクはほぼ間違いなく親の合流を完了させるために必要になる

合流をより素早く完了させるということは、ほぼほぼプログラムが速く実行されるということ

です。またメモリ内に保存しておく事柄が少なくて済みます。

最後尾のタスクはほぼ間違いなく依然としてプロセッサーのキャッシュにある
　　最後尾のタスクはスレッドがいま処理しているタスクの前に最後に処理したものなので、スレッドが実行されているCPUのキャッシュにこのタスクに関する情報が残っている可能性が高いです。つまり、キャッシュミスが少ないということです！

結論として、このようにタスクをスケジュールすると多くの暗黙的な利益が得られます。

6.1.1　タスクと継続どちらを盗むのか

ここまでの説明では、どんなタスクをデックに入れたりそこから盗んだりするのかという疑問をうまくごまかしていました。fork-joinのパラダイムでは2つの選択肢があります。それはタスクと継続[3]です。あなたがGoにおけるタスクと継続が何を表すかについてはっきりとした理解があるかを確認するために、再度フィボナッチのプログラムを見てみましょう。

```go
var fib func(n int) <-chan int
fib = func(n int) <-chan int {
    result := make(chan int)
    go func() { // ❶
        defer close(result)
        if n <= 2 {
            result <- 1
            return
        }
        result <- <-fib(n-1) + <-fib(n-2)
    }()
    return result // ❷
}

fmt.Printf("fib(4) = %d", <-fib(4))
```

❶ Goではゴルーチンはタスクです。
❷ ゴルーチンのあとのものはすべて継続と呼ばれます。

先ほどの分散デックでのワークスティーリングアルゴリズムの模擬的な実行の解説ではタスク、つまりゴルーチンをデックに入れました。ゴルーチンは仕事の中身をうまくカプセル化した関数を管理しているので、これは自然な考え方です。しかしながら、これは実際のGoのワークスティーリングアルゴリズムの動作ではありません。Goのワークスティーリングアルゴリズムがデックに入れたり盗んでい

---

[3]　訳注：継続とは、プログラム中のある計算処理の途中からその処理を終わらせるまでに行われる処理のまとまりを指します。SchemeやRubyなど、継続を関数などに渡せるオブジェクトとして扱えるプログラミング言語にはその性質を使って並行処理を実現しているものもあります。

るのは継続なのです。

　これがなぜ重要なのでしょうか。継続をデックに入れたり盗んだりするということと、タスクで同じ操作をするのとでは何が違うのでしょうか。この質問に答えるために、合流地点について見てみましょう。

　私たちのアルゴリズムでは、実行スレッドが完了条件を満たしていない合流地点に達すると、スレッドは実行している処理を停止してタスクを盗みに行きます。これは、すべき処理を探す間に合流地点で停止するので停止した合流と呼ばれます。タスクスティーリングも継続スティーリングも両方のアルゴリズムで停止した合流がありますが、停止が発生する頻度において重要な違いがあります。

　次の状況を考えてください。ゴルーチンを作るとき、プログラムがゴルーチン内の関数に実行してもらいたいと思うのはよくあることでしょう。また合理的に考えてそのゴルーチンからの継続がどこかの地点でそのゴルーチンと合流したいというのもよくあることです。そして、その継続がそのゴルーチンが完了する前に合流しようと試みることはほぼないでしょう。こうした原則から、ゴルーチンをスケジュールするときは即座にそれを処理するのが理にかなっていると言えます。

　今度はデックの最後尾にタスクを押し込んだり取り出したりしているスレッドやデックの先頭からタスクを取り出している他のスレッドの性質について再び考えてみます。継続をデックの最後尾に入れたら、デックの先頭から取り出している他のスレッドにその継続を盗まれる確率は非常に少ないでしょう。それゆえ、いま処理しているゴルーチンの処理が完了したら同じスレッドに継続を呼び戻せる確率は非常に高くなります。したがって、停止を避けることができます。またこれによって分岐したタスクは関数呼び出しにとてもよく似たものになります。つまり、スレッドはゴルーチンの実行にジャンプして、その処理が完了してから継続に戻るのです。

　継続スティーリングを私たちのフィボナッチのプログラムに適用するとどうなるか見てみましょう。タスクに比べて継続を表現するのは少し不明瞭なので、次の規約を使います。

- 継続がデックに追加されたときはそれを「Xの継続」として列挙する。
- 継続が実行のためにデックから取り出されたら、暗黙的に継続を`fib`の次の呼び出しに変換する。

以後の説明はGoランタイムが行っていることに近い表現です。

再度、メインゴルーチンから始めます。

T1 コールスタック	T1 ワークデック	T2 コールスタック	T2 ワークデック
メイン			

メインゴルーチンは`fib(4)`を呼んで、この呼び出しからの継続がT1のデックの最後尾に追加されます。

T1 コールスタック	T1 ワークデック	T2 コールスタック	T2 ワークデック
fib(4)	メインの継続		

T2はアイドルなので、T2はメインゴルーチンの継続を盗みます。

T1 コールスタック	T1 ワークデック	T2 コールスタック	T2 ワークデック
fib(4)		メインの継続	

fib(4)の呼び出しはその後fib(3)をスケジュールします。これは即座に実行されて、T1はfib(4)の継続を自身のデックの最後尾に追加します。

T1 コールスタック	T1 ワークデック	T2 コールスタック	T2 ワークデック
fib(3)	fib(4)の継続	メインの継続	

T2がメインゴルーチンの継続を実行しようとしたとき、実現していない合流地点に到達します。したがって、T1から仕事を盗みます。今回はfib(4)の呼び出しでの継続を盗んできます。

T1 コールスタック	T1 ワークデック	T2 コールスタック	T2 ワークデック
fib(3)		メインの継続（未達の合流地点）	
		fib(4)の継続	

次に、T1のfib(3)の呼び出しはfib(2)のためのゴルーチンをスケジュールして、即座にそれを実行します。fib(3)の継続はT1自身のデックの最後尾に追加されます。

T1 コールスタック	T1 ワークデック	T2 コールスタック	T2 ワークデック
fib(2)	fib(3)の継続	メインの継続	
		fib(4)の継続	

T2のfib(4)の継続の実行はT1が処理をやめたところを取ってきて、fib(2)をスケジュールし、即座にfib(2)を実行して、再度fib(4)の継続をデックに追加します。

T1 コールスタック	T1 ワークデック	T2 コールスタック	T2 ワークデック
fib(2)	fib(3)の継続	メインの継続（未達の合流地点）	fib(4)の継続
		fib(2)	

次に、T1のfib(2)の呼び出しが再帰アルゴリズムの脱出条件に到達して1を返します。

T1 コールスタック	T1 ワークデック	T2 コールスタック	T2 ワークデック
(1 を返す)	fib(3)の継続	メインの継続（未達の合流地点）	fib(4)の継続
		fib(2)	

次にT2もまた脱出条件に到達して1を返します。

T1 コールスタック	T1 ワークデック	T2 コールスタック	T2 ワークデック
(1 を返す)	fib(3)の継続	メインの継続（未達の合流地点）	fib(4)の継続
		(1 を返す)	

それからT1は自身のデックから仕事を盗んでfib(1)の実行を開始します。ここでT1のコールチェインがどうなっていたか気が付きましたか。fib(3)→fib(2)→fib(1)の順でした。これが先に話した継続スティーリングの利点です！

T1 コールスタック	T1 ワークデック	T2 コールスタック	T2 ワークデック
fib(1)		メインの継続(未達の合流地点)	fib(4)の継続
		(1 を返す)	

それからT2はfib(4)の継続の最後の部分にいて、唯一の合流地点であったfib(2)が実現されました。fib(3)の呼び出しは依然としてT1によって処理されています。T2は何も盗むものがないのでアイドルになっています。

T1 コールスタック	T1 ワークデック	T2 コールスタック	T2 ワークデック
fib(1)		メインの継続(未達の合流地点)	
		fib(4)(未達の合流地点)	

この時点でT1は継続の最後fib(3)にいて、その合流地点のfib(2)とfib(1)はともに満たされています。T1は2を返します。

T1 コールスタック	T1 ワークデック	T2 コールスタック	T2 ワークデック
(2 を返す)		メインの継続(未達の合流地点)	
		(2 を返す)	

これでfib(4)、fib(3)、fib(2)の合流地点が全て満たされました。T2は計算を実行でき、結果(2+1=3)を返します。

T1 コールスタック	T1 ワークデック	T2 コールスタック	T2 ワークデック
		メインの継続(未達の合流地点)	
		(3 を返す)	

最後に、メインゴルーチンの合流地点が実現されfib(4)の呼び出しから値を受け取ります。そしてメインゴルーチンは結果である3を表示します。

T1 コールスタック	T1 ワークデック	T2 コールスタック	T2 ワークデック
		メイン (3 を表示)	

継続をデックに入れる場合の流れを確認すると、T1が直列に物事を処理できるようにするのに継続がどれほど役立っているかを簡単に確認できました。この処理の継続スティーリングによる実行とタスクスティーリングによる実行の統計を比較してみると、継続スティーリングの利益がよりはっきりと浮かび上がります。

統計	継続スティーリング	タスクスティーリング
#ステップ	14	15
デックの最大長	2	2
#ストールした合流地点	2(すべてアイドルスレッド上)	3(すべてビジースレッド上)
コールスタックのサイズ	2	3

これらの統計を見ると二者は近いと感じるかもしれませんが、より大きなプログラムへと拡大して考えると、継続スティーリングがどれほど大きな利益をもたらしてくれるかを確認できます。

1つのスレッドだけで実行した場合にどうなるかについても見てみましょう。

T1 コールスタック	T1 ワークデック
メイン	

T1 コールスタック	T1 ワークデック
fib(4)	メイン

T1 コールスタック	T1 ワークデック
fib(3)	メイン
	fib(4)の継続

T1 コールスタック	T1 ワークデック
fib(2)	メイン
	fib(4)の継続
	fib(3)の継続

T1 コールスタック	T1 ワークデック
(1 を返す)	メイン
	fib(4)の継続
	fib(3)の継続

T1 コールスタック	T1 ワークデック
fib(1)	メイン
	fib(4)の継続

T1 コールスタック	T1 ワークデック
(1 を返す)	メイン
	fib(4)の継続

T1 コールスタック	T1 ワークデック
(2 を返す)	メイン
	fib(4)の継続

T1 コールスタック	T1 ワークデック
fib(2)	メイン

T1 コールスタック	T1 ワークデック
(1 を返す)	メイン

T1 コールスタック	T1 ワークデック
(3 を返す)	メイン

T1 コールスタック	T1 ワークデック
メイン (3 を表示)	

面白いですね！シングルスレッドでのゴルーチンを使ったランタイムが普通に関数を使った場合と同じように動作しています！これが継続スティーリングのもう1つの利点です。

これらすべてを考慮すると、継続を盗むほうがタスクを盗むよりも優れていると言えます。それゆえに、ゴルーチンではなく継続をデックに入れるのが最適だと言えます。次の表から、継続を盗むのはいくつかの利点があります。

	継続	チャイルド
デックのサイズ	上限あり	上限なし
実行順序	直列	順不同
合流地点	ストールしない	ストールする

それでは、なぜすべてのワークスティーリングアルゴリズムは継続スティーリングを実装しないのでしょうか。継続スティーリングは通常コンパイラのサポートが必要になります。Goには専用のコンパイラがあるため、Goは継続スティーリングをワークスティーリングアルゴリズムとして採用することができました。このような贅沢がない言語では通常タスクスティーリング、いわゆる"チャイルド"スティーリングをライブラリとして実装しています。

このモデルはGoで使っているアルゴリズムに近いですが、まだGoランタイムの全体像を説明しているわけではありません。Goはさらに追加で最適化を行っています。その最適化を分析する前に、Go本体のソースコードの中で使われているGoのスケジューラーの用語を使うお膳立てをしていきましょう。

Goのスケジューラーには3つの概念があります。

G

ゴルーチン

M

OSスレッド（ソースコードの中ではマシンとしても参照されています）

P

コンテキスト（ソースコードの中ではプロセッサーとしても参照されています）

私たちがここまで行ってきたワークスティーリングの議論で言えば、MはTに対応して、Pはデックに対応します（GOMAXPROCSを変更するとPの数が変わります）。Gはゴルーチンですが、これは現在のゴルーチンの状態を表していて、とりわけゴルーチンの状態の中で一番大切な要素はプログラムカウンター（PC）です。これによってGoが継続スティーリングをするための継続を表現できるようになります。
　Goランタイムでは、Mが起動されて、それがPを管理して、そのPがGをスケジュールして管理します。

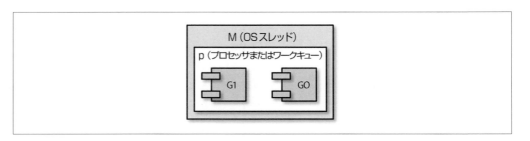

　個人的には、ソースコード[†4]の中にある用語だけで説明しているとGoのスケジューラーのアルゴリズムがどうなっているかを解析していくのは難しいと感じるので、本書ではフルネームで説明していきます。用語についての説明は終わったので、いよいよGoのスケジューラーの動作原理を見てみましょう。
　先に述べたようにGOMAXPROCSの設定は、ランタイムが使えるコンテキストがいくつであるかを管理しています。デフォルトの設定ではホストマシンの論理CPUにつき1つのコンテキストがあるようになっています。コンテキストと異なり、GoランタイムがガベージコレクションやゴルーチンのためにCPUのコア数と異なる数のOSスレッドを持つことがあります。この話をここでしているのには理由があって、Goランタイムではたった1つだけ保証できる重要なことがあり、それは管理している全コンテキストを扱うためのOSスレッドが最低1つあるということです。これによってGoランタイムは重要な最適化を行えるのです。Goランタイムは使われていないスレッドのためのスレッドプールも持っています。次に最適化について話しましょう！
　ゴルーチンのいずれかが入出力やGoランタイム外へのシステムコールによってブロックされているときに何が起きるかを考えてみてください。そのゴルーチンを管理しているOSスレッドもまたブロックされて、それ以上処理を進められなくなったり、他のゴルーチンを管理できなくなったりします。論理的には問題ないのですが、性能の観点からすると、Goはマシンのプロセッサーをできる限り動作させるために何かできそうです。
　このような状況の場合、GoはコンテキストをOSスレッドから引き離して、コンテキストが他のブ

[†4] 訳注：Go 1.11では$GOROOT/src/runtime/runtime2.goを参照してください。

ロックされていないOSスレッドに引き渡せるようにします。これによって、コンテキストがさらにゴルーチンをスケジュールできるようになります。そうするとGoランタイムはホストマシンのCPUを動かし続けられるわけです。ブロックされたゴルーチンはブロックされたスレッドに紐付いたままになります。

やがて、ブロックされていたゴルーチンが解放されると、ホストのOSスレッドは他のOSスレッドからコンテキストを奪い返して、先にブロックされていたゴルーチンの処理を続けようとします[†5]。しかしながら、ときどきうまくいかないことがあります。その場合、そのOSスレッドはゴルーチンをグローバルコンテキスト上に置いたあとスリープしてGoランタイムのスレッドプールに入れられ、あとで使われるまで待機します（たとえば、ゴルーチンが再度ブロックされた場合に備える）。

いま触れたグローバルコンテキストは、先の抽象的なワークスティーリングアルゴリズムの議論には適合しません。これはGoがCPUの使用率を最適化する上で必要になった実装における詳細な部分です。グローバルコンテキストに置かれたゴルーチンがそこへ恒久的に存在し続けないようにするため、ワークスティーリングアルゴリズムにいくつか追加の手順が追加されました。定期的に、コンテキストはグローバルコンテキストにゴルーチンがないかを確認します。そしてコンテキストのキューが空になったとき、他のOSスレッドのコンテキストを確認する前に、まずグローバルコンテキストを確認してます。

入出力やシステムコール以外にも、Goはゴルーチンが任意の関数呼び出しによってランタイムに割り込まれることを許しています。ランタイムが効率よくスケジューリングすることにより保証される、うまく分割された並行処理を好むというGoの哲学によって、これらの処理が直列に実行されます。Goチームが**解決**しようとしている特筆すべき例外は、入出力もシステムコールも関数呼び出しもしていないゴルーチンです（https://github.com/golang/go/issues/10958）。現状では、こうしたゴルーチンは割り込み可能ではなく、長いGCの待機時間や下手をするとデッドロックを引き起こす可能性があります。幸いにも、過去の事例を参考にする限り、そうした状況が起きる可能性はほとんどありません。

6.2　すべての開発者にこの言葉を贈ります

これでゴルーチンが裏でどのように動作しているかが理解できたと思いますので、もう一度最初に戻って、開発者がゴルーチンを扱うときに何が必要かもう一度お伝えします。それはgoというキーワードです。以上！

関数やクロージャーの前にgoという言葉を叩きつければ、自動的にタスクが動いているマシン上で最も効率的な方法でそのタスクをスケジュールしたことになります。開発者として、私たちはいまだに

[†5] 訳注：この方式にはここには触れられていないメリットがあり、「スレッドプールにスレッドを作っておくことで、スレッド起動の重いコストを払わずに、ゴルーチンがブロックされた時、即座に他のゴルーチンを起動できるようになる」というものがあります。

関数という馴染んだプリミティブの中で考えています。新しいやり方や複雑なデータ構造、あるいはスケジューリングアルゴリズムを理解する必要はないのです。

スケール、効率、単純。これこそがゴルーチンをこれほどまでに魅力的にしているのです。

6.3　結論

私たちは本書を通じてGoにおける並行処理の全貌を辿ってきました。最初の原則から始まり、基本的な使い方、パターン、そしてランタイムの動作についてまですべてです。私は本書が皆さんのGoにおける並行処理の良い理解につながり、また皆さんの素晴らしいハックのすべての助けになることを心から願っています。ご精読ありがとうございました！

補遺A

　読者のみなさんは並行処理のコードを書くという旅に出ることに決めたので、あなたがプログラムを書いたり、それが正しいかどうかを解析したりするための道具、そしてあなたのプログラムの中で何が起きているかを理解する補助となる便利な参照先がいくつか必要になるでしょう。幸いなことに、Goのエコシステムには Go チームとコミュニティ双方から潤沢にツールが提供されています！補遺ではそれらのツールの中からいくつかを取り上げて、それらが開発の前段階、最中、後段階でどのように助けになるかを紹介していきます。この本は並行処理に焦点を当てているので、ここでは並行処理のコードを解析するときの助けになる話題にのみ限定して話を進めます。また、ゴルーチンがパニックになったときに何が起きるかを簡単に見ていきます。パニックはそれほど頻繁には起きませんが、それでも初めて見るときには出力内容が少々読みづらいかもしれません。

A.1　ゴルーチンのエラーの解剖

　よくあることです。遅かれ早かれ、あなたのプログラムはパニックを起こします。運が良ければ、そのとき人間もコンピューターも誰も傷つかないでしょう。そしてそのときは最悪でもスタックトレースの最後にある悪い結果を眺めるだけで済むでしょう。

　Go 1.6 以前では、ゴルーチンがパニックになると、ランタイムは現在実行中のゴルーチンのすべてのスタックトレースを表示していました。時としてこのことが、何が起きたか判定するのを難しく（あるいは少なくとも時間がかかるように）していました。本書の執筆時点、Go 1.6 以降ではパニックしたゴルーチンのスタックトレースだけを表示するようになり、表示が非常に簡潔になりました。

　たとえば、このサンプルプログラムを実行した場合、

```
package main

func main() {
    waitForever := make(chan interface{})
    go func() {
        panic("test panic")
```

```
        }()
        <-waitForever
}
```

次のスタックトレースが表示されます。

```
panic: test panic

goroutine 4 [running]:
main.main.func1() // ❶
    /tmp/babel-3271QbD/go-src-32713Rn.go:6 +0x65 // ❷
created by main.main
    /tmp/babel-3271QbD/go-src-32713Rn.go:7 +0x4e // ❸
exit status 2
```

❶ パニックが発生した場所を参照しています。

❷ ゴルーチンが起動した場所を参照しています。

❸ ゴルーチンとして実行している関数の名前を示しています。もしこの例のように無名関数だった場合は、自動的に決められた一意な識別子が割り振られます。

もしプログラムがパニックしたときに実行されていたすべてのゴルーチンのスタックトレースを表示するという以前の表示に戻したければ、GOTRACEBACKという環境変数をallにしてください。

A.2 競合状態の検出

Go 1.1で、ほぼすべてのgoコマンドに-raceフラグが追加されました。

```
$ go test -race mypkg       # パッケージのテスト
$ go run -race mysrc.go     # プログラムをコンパイルして実行
$ go build -race mycmd      # コマンドをビルド
$ go install -race mypkg    # パッケージのインストール
```

もしあなたが開発者で、あなたに必要なものがより信頼できる競合状態の検出方法だけであったなら、このフラグこそ、あなたが知るべきことのすべてです。競合状態検出器（raceフラグ）を使う場合に注意すべきことは、実行されたコード内に含まれる競合状態のみを検出するということです。こうした理由から、Goチームはraceフラグ付きでビルドしたアプリーションを実世界の負荷で実行することを推奨しています。これによってより多くのコードが実行される確率が上がるという考えに基づいて、競合状態を発見する確率が上がります。

また競合状態検出器の動作を変えるために、環境変数経由で設定できる項目がいくつかあります。もっとも、通常はデフォルトの値で十分です。

LOG_PATH

このオプションは競合状態検出器にレポートを*LOG_PATH.pid*というファイルに書くように指定します。また特別な値である`stdout`や`stderr`も設定可能です。デフォルト値は`stderr`です。

STRIP_PATH_PREFIX

このオプションは競合状態検出器にレポート内のファイルパスのはじめの部分を削って、レポートがより簡潔になるように指定します。

HISTORY_SIZE

このオプションはゴルーチンごとの履歴の大きさを指定します。これによって、ゴルーチンごとに過去のメモリアクセスがいくつ記録されるかを管理しています。有効な値は0以上7以下です。ゴルーチンの履歴用に確保されるメモリは`HISTORY_SIZE`が0のときは32KBで、値が1つ増えるたびに倍になっていきます。`HISTORY_SIZE`が7のときに最大の4MBとなります[†1]。レポートで "failed to restore the stack"(訳:スタックの復元に失敗しました)という文言を見た場合には、この値を増やす判断基準になります。ただし、増やすとメモリ消費量は劇的に増加します。

1章 並行処理入門で最初に見たサンプルプログラムがありました。

```
var data int
go func() { // ❶
    data++
}()
if data == 0 {
    fmt.Printf("the value is %v.\n", data)
}
```

これを(raceフラグつきで)実行すると次のようなエラーが出るはずです。

```
==================
WARNING: DATA RACE
Write by goroutine 6:
  main.main.func1()
      /tmp/babel-10285ejY/go-src-10285GUP.go:6 +0x44 // ❶

Previous read by main goroutine:
  main.main()
      /tmp/babel-10285ejY/go-src-10285GUP.go:7 +0x8e // ❷

Goroutine 6 (running) created at:
  main.main()
```

[†1] 訳注:デフォルトは1です。https://golang.org/doc/articles/race_detector.html#Options

```
        /tmp/babel-10285ejY/go-src-10285GUP.go:6 +0x80
==================
Found 1 data race(s)
exit status 66
```

❶ 同期されていないメモリアクセスで書き込もうとしているゴルーチンを表しています。

❷ 同じメモリを読み込もうとしているゴルーチン（この場合はメインゴルーチン）を表しています。

競合状態検出器はコード内の競合状態を自動的に検知する極めて便利なツールです。これを継続的インテグレーションの処理の一部として組み込むことを強くおすすめします。繰り返しになりますが、競合状態の検出は発生した競合しか検出できません。また競合状態はときどき発現させるのが難しいことは3章で説明したとおりです。そのため、継続的に実環境のシナリオで実行して競合状態を見つけるべきです。

A.3 pprof

大きなコードベースでは、ときどきプログラムが実行時にどれほどの性能を出しているかを確かめるのが難しいことがあります。ゴルーチンはいくつ実行されているでしょうか。CPUは全部使われているでしょうか。メモリ使用量はどうでしょうか。プロファイルはこれらの疑問に答える素晴らしい方法です。そして、プロファイラーをサポートする "pprof" という名のパッケージがGoの標準ライブラリにあります。

pprofはGoogleで開発されたツールで、プログラムの実行中または保存されたランタイムの統計情報からプロファイルデータを表示できます。プログラムの使い方はhelpフラグで表示されるドキュメントにしっかり記載されているので、ここではruntime/pprofパッケージ——特に並行処理に関係する部分——に関して紹介します[†2]。

runtime/pprofパッケージは非常に単純で、プログラムに組み込んで結果を表示するための事前定義されたプロファイルが用意されています。

```
goroutine    - 実行中のすべてのゴルーチンのスタックトレース
heap         - すべてのヒープ領域のサンプリング
threadcreate - 新しいOSスレッドを作成するに至ったスタックトレース
block        - 同期プリミティブでのブロックに至ったスタックトレース
mutex        - 競合したミューテックスを保持しているもののスタックトレース
```

並行処理の文脈では、これらのプロファイルのほとんどが実行中のプログラムで何が起きているかを理解するときに役立ちます。たとえば、次の例はゴルーチンリークを検知するのに役立つゴルーチン

[†2] 訳注:runtime/pprofの他にHTTPサーバーの実行時プロファイルを取得するnet/http/pprofという標準パッケージも提供されています。

です。

```go
log.SetFlags(log.Ltime | log.LUTC)
log.SetOutput(os.Stdout)

// 稼働しているゴルーチンの数を毎秒ログを取る
go func() {
    goroutines := pprof.Lookup("goroutine")
    for range time.Tick(1*time.Second) {
        log.Printf("goroutine count: %d\n", goroutines.Count())
    }
}()

// 決して終了しないゴルーチンをいくつか作成する
var blockForever chan struct{}
for i := 0; i < 10; i++ {
    go func() { <-blockForever }()
    time.Sleep(500*time.Millisecond)
}
```

これらのビルトインプロファイルが、プログラムのプロファイルと問題の検証に本当に役立ちます。しかし、もちろんプログラムを監視するため独自に作ったプロファイルも書けます。

```go
func newProfIfNotDef(name string) *pprof.Profile {
    prof := pprof.Lookup(name)
    if prof == nil {
        prof = pprof.NewProfile(name)
    }
    return prof
}

prof := newProfIfNotDef("my_package_namespace")
```

A.4 trace

本節は日本語版オリジナルの記事です。

プロファイルとあわせてシステムのパフォーマンスを測るものとしてトレースがあります。プロファイルがアプリケーションの統計情報を取得するものであったのに対し、トレースはアプリケーションの実行状態を監視するための手段です。Goではトレースをサポートする "trace" という名のパッケージが標準ライブラリで提供されています。

トレースを利用する際にはトレースデータを作成し、プロファイルと同様別途ツールを用いて確認します。トレースデータの確認方法に関しては go tool trace などのヘルプに譲るとしてここでは runtime/trace パッケージに関する紹介をします。

Go 1.11 より runtime/trace にはユーザーアノテーションと呼ばれる機能が追加され、アプリケー

ションの実装者がトレース内に付与できるようになり、より細かく実行状態を確認できます。

ユーザーアノテーションにはそれぞれ粒度が異なる3つのアノテーションが用意されています。

- Log: 通常のログと同様、ある行を通過したことを記録
- Region: ゴルーチンの中で収まるような小さな範囲のタスクの開始と終了を監視
- Task: 複数のRegionを囲むようなまとまりのある領域の開始と終了を監視

たとえば簡単なサンプルとして次のようなコードのトレースを取得してみます。

```go
f, err := os.Create("trace.out") // ❶
if err != nil {
        log.Fatal("failed to create trace output file: %v", err)
}
defer func() {
    if err := f.Close(); err != nil {
        log.Fatal("failed to close trace output file: %v", err)
    }
}()

if err := trace.Start(f); err != nil { // ❷
        panic(err)
}
defer trace.Stop()

ctx := context.Background()
ctx, task := trace.NewTask(ctx, "makeCoffee") // ❸
defer task.End()
trace.Log(ctx, "orderID", "1") // ❹

coffee := make(chan bool)

go func() {
        trace.WithRegion(ctx, "extractCoffee", extractCoffee) // ❺
        coffee <- true
}()
<-coffee
```

❶ トレース情報を出力するファイルを作成します。

❷ トレースを開始し、トレース情報を❶で作成したファイルに記録し始めます。deferで関数を終了するときにトレースを停止していることに注意してください。

❸ "makeCoffee"と名付けたTaskを作成しています。

❹ "orderID"という名前を付けたLogに"1"というIDを渡しています。

❺ extractCoffeeという関数をWithRegionが起動した新規ゴルーチンの中で呼び出して、それを"extractCoffee"という名前のRegionとして設定します。

このプログラムを実行して、作成したトレース情報をgo tool traceで確認すると次のようなグラフ

を取得でき、視覚的にどの領域にどれくらいの時間がかかっているかを確認できます。

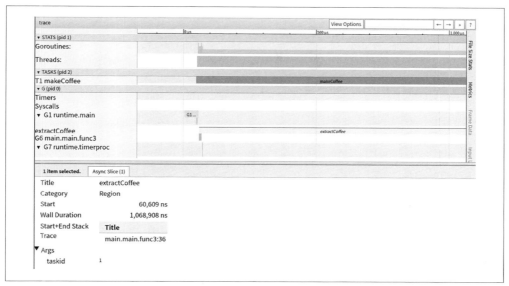

図A-1：go tool traceでトレース情報を可視化した例

　また**第5章 大規模開発での並行処理**でも出てきたような分散システムにおいてもトレースは役立ちます。偶然にしか出現しないようなリソース枯渇やライブロックでの遅延は統計情報を扱うプロファイルでは特定しづらいものです。OpenCensus[†3]を始めとする分散トレーシング用のツールを使うことで、システムをまたいだトレース情報の取得が可能になっています。

---

†3　https://opencensus.io/

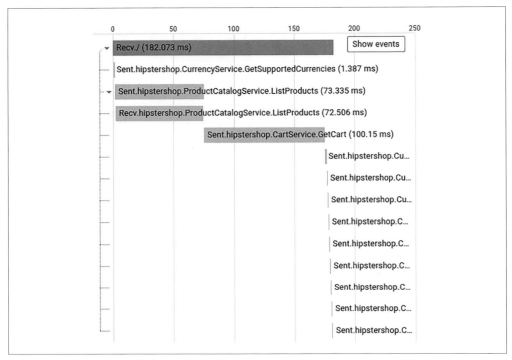

図A-2：分散トレーシングツールでマイクロサービスのトレースを可視化した例

補遺B
go generate

本補遺は日本語版オリジナルの記事です。本稿ではgo generate[1]の紹介とその利用方法を解説します。

B.1 空インターフェースの使用について

4章でパイプラインを構築する際に空インターフェース型（interface{}）を利用していました。その理由として原著者は以下の2つを挙げています。

❶ 本書の紙面の節約のため
❷ パイプラインのステージを入れ替えやすくするため

1に関しては、言うまでもなく実プロジェクトの製品開発において考慮する必要のない理由です。型を付けることで、ビルド時に誤りを検出できたり、可読性が向上したり、と言った利点が生まれますし、通常は静的な型付けをするほうがパフォーマンスも向上します。

2に関して、パイプラインにおいて途中のステージでデータの加工をしないことはまずありえません。その際にステージの入力と出力で型が異なることは大いにありえます。したがって、仮にステージを表す関数のシグネチャを変えずに済んだとしても、ステージ内の実装を変更する必要は十分にありえるでしょう。そうしたことを鑑みると、空インターフェース型で持ち回しても、はじめから入力と出力に型を与えても大差がないように思われます。

このように、型をきちんと使ってパイプラインを定義することの意義は十分あるのですが、一方で本書内の例のような、ステージを容易に入れ替えられるような状況では空インターフェース型を利用したくなることもあるでしょう。

そういった要望に対応するため、Go 1.4よりgo generateが導入されたのですが、本文中ではわずか

---

[1] https://golang.org/pkg/cmd/go/internal/generate/

に触れられただけでした。そこで、補遺としてgo generateの紹介とその利用方法について解説します。

B.2 go generateとは何か

　Goでよく聞かれる要望として「ジェネリクスの導入」があります。ジェネリクスを導入すると、たとえばリストや木構造などのデータ構造を表現するコードを記述する際に、ノードで保持する値の型を汎用的に記述でき、利用時にノードの値の型を与えるだけでコードが再利用できます。

　Goの言語仕様にはジェネリクスがないため[†2]、Go 1.4がリリースされるまでは本書のパイプラインの例と同様interface{}と型アノテーションで値を取り出す、goyaccにより自動生成する、独自のテンプレートファイルからGoのコードを生成するなどの方法が採られていました。

　これらの方法は、データ構造の変換をプログラマ自身が記述する必要がある、外部のツールを習得し利用する必要があるなど、いずれもプログラマに負担を強いることが多く問題視されてきました。Goへのジェネリクスの導入を求める声がしばしば聞かれるのも、このような状況を示す一例と言えるでしょう。

　この状況を緩和するために導入されたのがgo generateです。テンプレートファイルから生成するようなユースケースであれば、独自の生成プロセスを用意せずとも、公式ツールチェインのみでコードを生成できます。

B.3 go generateの機能

　go generateはファイルに次のようなアノテーションを記述しておくと、任意のコマンドを実行してくれます。

```
//go:generate <コマンド名> <コマンドの引数>...
```

　ここで//とgo:generateの間に空白を入れないように注意してください。たとえばUNIX系のOSであれば次のようなコードを記述したファイルを用意します。

```
package foo

//go:generate echo Hello, go generate!

func Foo() {
    return nil
}
```

[†2] Goにジェネリクスがない理由については公式サイトのFAQを参照してください。https://golang.org/doc/faq#generics

このファイルと同じディレクトリでgo generateを実行すると次のような出力が得られます。

```
% go generate
Hello, go generate!
```

echoコマンドが実行されたのがわかります。これを踏まえた上で、次は実際にテンプレートのコードを元に新たなコードを生成する例を見てみましょう。準標準パッケージにあるstringerコマンドの例です[3]。

stringerは「定数が定義された整数型」[4]にfmt.Stringerインターフェースを満たすメソッドを自動生成してくれるツールです。

たとえば次のようなファイルsuit.goを用意したとします。

```go
package card

//go:generate stringer -type=Suit

type Suit int

const (
    Spade Suit = iota
    Club
    Diamond
    Heart
)
```

このファイルに対してgo generateを実行するとsuit_string.goというファイルを生成し、その中でSuit型に対してStringメソッドが定義されていることがわかります。

stringerは、Goが標準で構文木の型と構文解析器を用意していること、Goは単独で実行できるバイナリを生成できるという性質を利用しています。この例のようにGoで書かれたコード自体を使ってコード生成を行いたい場合にはgo generateで呼び出すコマンドをGoで作成するという方針がしばしば採用されます。

B.4　例: gennyを利用する

4章のような用途の場合、必要なコードの生成はGoのコードから生成できると良さそうです。ここでは例としてgenny[5]を利用して4章の例に型を付けてみたいと思います。**4.3 ゴルーチンリークを避ける**に出てきたdoWork関数を例にしてみましょう。次のサンプルではコードを少し変更してあります。

---

[3] go get golang.org/x/tools/cmd/stringerをして導入してください。
[4] Goで他の言語での列挙型（Enum）のようなものを定義する際のイディオムとして使われます。
[5] https://github.com/cheekybits/gennyをビルドして出力された実行ファイルをパスの通ったディレクトリに配置します。

```
package work

//go:generate genny -in=$GOFILE -out=gen-$GOFILE gen "Type=Foo"
import "github.com/cheekybits/genny/generic"

type Type generic.Type

func doWork(strings <-chan string) <-chan Type {
    completed := make(chan Type)
    go func() {
        defer fmt.Println("doWork exited.")
        defer close(completed)
        for s := range strings {
            // 何かおもしろい処理
            fmt.Println(s)
        }
    }()
    return completed
}
```

空インターフェース型で定義されていた箇所をgennyのgeneric.Type型に変更してあります。それ以外の実装は変更していません。

また上の例でのgennyの引数で説明しておくべきことがあります。go generateではいくつかの特別な定数を利用できます。

- $GOARCH：go generateを実行しているマシンのCPUアーキテクチャ
- $GOOS：go generateを実行しているマシンのオペレーティングシステム
- $GOFILE：go generateの記述があるファイル名
- $GOLINE：go generateの記述があるファイル中の行番号
- $GOPACKAGE：go generateの記述があるファイルが属するパッケージ名
- $DOLLER：ドル記号（$）

仮にこのコードを記述したファイルがwork.goだった場合、go generateを実行するとgennyコマンドのオプションに-out=gen-$GOFILEとあるので、結果としてgen-work.goというファイルが生成されます。生成されたファイルの中身は次のようになっています。

```
// This file was automatically generated by genny.
// Any changes will be lost if this file is regenerated.
// see https://github.com/cheekybits/genny

package work

import "fmt"

func doWork(strings <-chan string) <-chan Foo {
        completed := make(chan Foo)
```

```
        go func() {
                defer fmt.Println("doWork exited.")
                defer close(completed)
                for s := range strings {
                        // 何かおもしろい処理
                        fmt.Println(s)
                }
        }()
        return completed
}
```

元ファイルから変更された点が2点あります。

まずヘッダーコメントとして、このファイルがgennyによって自動生成されたことが記述してあることです。go generateはライブラリパッケージの作者が利用することを意図したツールであるため、ライブラリユーザーが生成されたコードを利用する際にこうしたコメントが自動生成されたコードかどうかを判断する助けとなります。go generateでは生成されたコードにそのようなコメントを埋め込むべきであると公式ドキュメントにも記述されています。

2つめはgeneric.Type型で宣言していた箇所がFoo型に置き換わっていることです。これは元ファイルでのgo generateでの記述でgennyに"Type=Foo"という引数を渡したことによりgennyが型を置き換えてくれた結果です。

go generateを使うことにより、このように空インターフェースを利用することなく、汎用的なパイプラインを作成できることがわかります。

B.5　ジェネリクスについて

2018年8月28日（アメリカ山岳部夏時間）のGopherCon 2018にて、Goへの新規機能のデザインドキュメントの草稿[6]が4つ提出され[7]、そのうちの1つがGoにおけるジェネリクスの設計についてでした。

まだデザインドキュメントの草稿が提出されたばかりで、広くコミュニティからフィードバックを受け付けている段階であり、実装されるかどうかすら決まっていませんが、採用された場合には、原文の空インターフェース型の例や、上記で説明したgo generateのような例とは異なる書き方も出来るようになることでしょう。

---

[6]　Goへの新機能の追加は、Go開発チームに対してProposal（提案）がなされたあとに、その機能が妥当であると判断された場合にDesign Doc（デザインドキュメント、仕様設計書）が提出されます。その後、何度かの修正を経て、デザインドキュメントを元に本番に向けた参照実装が行われ、問題がなければ無事に本体にマージという形になります。各段階において、常にコミュニティからのフィードバックを受け付けています（参照 https://go.googlesource.com/proposal/）。

[7]　https://golang.org/s/go2designs

索引

記号

- $DOLLER 226
- $GOARCH 226
- $GOFILE 226
- $GOLINE 226
- $GOOS 226
- $GOPACKAGE 226
- <-chan 77
- <- 演算子 66
  - 受信 68

A-B

- Add 48
- API 185
  - クライアント 182
  - ドライバー 183
  - 流量制限 177, 185
- Atomic 85
- Blizzard 7
- bridgeチャネル 196
- Broadcast 55

C

- chan<- 77
- channel .... チャネル
- chan型 65
- close 69, 75
- Coffman条件 12
- Communicationg Sequence Processes .... CSP
- Cond 53
- Broadcast 55
- Signal 55
- 副作用 54
- Cond.Wait 54
- Context
  - ガイドライン 147
  - タイムアウト 138
  - データバッグ 144
- context.Background 136
- Context.Deadline 134, 141
- Context.Done 135
- context.TODO 136
- Context.Value 135
- Context.WithCancel 136
- Context.WithDeadline 136
- Context.WithTimeout 136
- contextパッケージ 133
  - 注意点 146
  - データ保管 143
  - 目的 135
- coroutine .... コルーチン
- CSP 26
  - 価値 31
  - 論文 26

D-F

- DDoS 178
- Deadline 135
- default節 82
- deque .... デック

Dijkstra	28
Done	48,135
fork	分岐
fork-join モデル	39,200
for-select ループ	91

G

genny	225
Go	
FAQ	32
Wiki	32
エラーハンドリング	99
ガイドライン	33
ガベージコレクション	21
継続	206
ジェネレーター	87
スケジューラー	211
スケジューラーの動作原理	212
チャネル	26,29,31,65
強み	98
哲学	32,35
同期処理	65
並行処理	32,35,37
並行処理モデル	27
ランタイムの動作	199
利点	30
流量制限	180
ワークスティーリング	202
go generate	223
GOMAXPROCS	83,212
goroutine	ゴルーチン
GOTRACEBACK	216
go キーワード	21,37
go コマンド	
-race フラグ	216

H-Q

HISTORY_SIZE	217
Hoare	26
interface{}	87,113
join	合流
LOG_PATH	217
M:N スケジューラー	39

Mutex	ミューテックス
nil	75
Once	57
OpenCensus	221
or チャネルパターン	96
OS スレッド	211
Pool	59
注意点	64
pprof	218

R-S

-race フラグ	216
range キーワード	69
rate パッケージ	184
runtime パッケージ	84
select 文	31,79
タイムアウト	82
Signal	55
Sleep 関数	5,12,40,53,172
Spigot アルゴリズム	2
steward	管理人
STRIP_PATH_PREFIX	217
struct{}	46
sync.Locker	52
sync.Mutex	9,49,85
sync.NewCond	53
sync.Once	58
sync.Pool	60
sync.RWMutex	51
sync.WaitGroup	48
sync パッケージ	47

T-W

trace	219
Value	135
WaitGroup.Add	48
WaitGroup.Done	48
ward	中庭
Web スケール	3

あ行

アクセストークン	180
アドホック拘束	88

アトミック性 6
　　概念 7
　　理由 8
アムダールの法則 2
アルゴリズム 2,6,17,20,77,84,92,118,202
　　Spigot 2
　　トークンバケット 180
　　ワークスティーリング 199,202
一度だけ実行 58
一定周期 164
イミュータブル 88
エラー 215
　　型 153
　　伝播 149
　　何を知らせるか 150
　　ハンドリング 99
　　メッセージ 156
オブジェクトの暖気 61
オブジェクトプールパターン 59

か行

ガード付きコマンド 28
ガイドライン 33,147,158
回復 92,130,191
ガベージコレクション 21,37,42,64,92,212
下方スパイラル 130
空インターフェース型 87,113,223
空構造体 46
監視 162,191,219
管理人 192
規則 144,202
キャパシティ 55,67,71
キャンセル 79,88,92,121,133,158
キュー 126
　　バッファ 128
　　利点 128
　　両端 .... デック
驚異的並列 2
競合状態 4,6,12,25,40,48,84,216
　　検出 216
　　発生させる 84
共有状態の変更 162
クォーラム 178

組み合わせ 149
クライアント 182
クラウドコンピューティング 3
繰り返し 91,112
クリティカルセクション 8,34,49,88,201
クロージャー 41,193
計算量が大きい 116
計測 17,219
継続 206
　　スティーリング 207
検出 68,216
構成可能 20,31,67,96,142,144
拘束 87,124
　　アドホック 88
　　理由 90
　　レキシカル 88
合流 39,202
　　ポイント 39,40
コスト 18,30,33,45,51,54,59,90,92,114,130
コルーチン 38
ゴルーチン 26,37,76,191,199,211
　　エラー 215
　　回復 191
　　監視 192
　　キャンセル 93,121,133
　　共有状態の変更 162
　　クロージャー 41,193
　　コスト 18,30
　　シグナル 70,90
　　終了を伝える 95
　　チャネルを所有 77
　　長時間稼働 191
　　ハートビート 164
　　不健全な 191
　　舞台裏 38,191
　　無限ループ 53,91
　　無名関数 37,216
　　メモリ 43,45
　　ランタイム 199
　　リーク 92
　　リークの検出 218
　　利点 38,43
コンテキスト 6,24,33,76,101,133,211

コンテキストスイッチ 45,54,202

さ行

シーケンス 124
ジェネリクス 224,227
ジェネレーター 87,109,111,162,171
死活監視 164,192
シグナル送信 70,90
実行状態の監視 219
終了を伝える 95
受信 46,66,68
循環待ち 13
条件待ち 13
初期化 66,71
スケジューラー 39,211
　　　　動作原理 212
スタックトレース 150,154,215,218
ステージ 103,109,116,124,126,000
スループット 131
スレッド 29,38,43,83,199
スレッドプール 21,26,212
設計 18,23,29,32,164,227
相互排他 13,49
送信専用 66

た行

タイムアウト 82,138,158
タスク 2,200,206
チャネル 26,29,31,65,79,96
　　　　bridge 124
　　　　interface{}型 113
　　　　nil 75,96
　　　　or-done 121
　　　　tee 123
　　　　書き込み 77
　　　　空 71
　　　　繰り返し 91
　　　　シーケンス 124
　　　　初期化 66
　　　　所有権 76
　　　　操作 76
　　　　送信専用 66
　　　　デフォルト値 75

閉じた 68
ブリッジング 124
ブロック 67
分割 122
まとめる 79,96
満杯 71
読み込み 66,77
ループ処理 69
注意点 146
抽象化 23,29,38,79,102
中断 7,133
長時間稼働 191
強み 29,98
データ競合 4,8,12,34,40,201
　　　例 8
データバッグ 144
データ保管 144
デーモン 191
デススパイラル 130
デック 201
　　　性質 205
デッドライン 133
デッドロック 10,12,13,67,75,159
デフォルト値 75,79,217
同期処理 12,65
動作 4,109,165
　　　競合状態検出器 216
　　　スケジューラー 212
　　　通知 165
　　　並行処理 4
　　　並列 23
　　　ランタイム 199
　　　流量制限 191
　　　ワークスティーリング 202
トークンバケット 180
閉じたチャネル 68
ドライバー 183
トレース 219
　　　ユーザーアノテーション 219

な行

中庭 192
ネガティブフィードバックループ 130

は行

- バースト性 ... 181
- ハートビート ... 164,192
  - 一定周期 ... 164
  - 仕事単位 ... 169
- パイプライン ... 102
  - 計算量が大きい ... 116
  - 実用性 ... 121
  - ステージ ... 103
  - スループット ... 131
  - 動作 ... 109
  - ベストプラクティス ... 106
  - 例 ... 103
- バグ ... 151
- パターン ... 87
- パターン ... 149
  - bridgeチャネル ... 124
  - for-selectループ ... 87
  - orチャネル ... 96
  - or-doneチャネル ... 121
  - エラー伝播 ... 149
  - エラーハンドリング ... 99
  - キャンセル処理 ... 158
  - キュー ... 126
  - 組み合わせ ... 149
  - 拘束 ... 87
  - ジェネレーター ... 111
  - タイムアウト ... 158
  - ハートビート ... 164
  - パイプライン ... 102
  - ファンアウト、ファンイン ... 116
  - リクエストの複製 ... 175
  - 流量制限 ... 177
- バッファ ... 128
  - チャネル ... 71,126
- ファンアウト ... 116,117,118
- ファンイン ... 117,119
- フェアスケジューリング ... 199
- 副作用 ... 54
- 複製 ... 160,175
- ブリッジング ... 124
- プリミティブ ... 21,47,53
  - 組み合わせ ... 87

- プロセス ... 27
- ブロック ... 11,38,54,67,76
- プロファイラー ... 218
- 分岐 ... 39,202
- 分散システム ... 149,178,221
- 並行処理 ... 4,29,32,35,37
  - 安全 ... 18,88
  - エラーハンドリング ... 99
  - キャンセル ... 158
  - 死活監視 ... 164
  - 設計 ... 18,29
  - タイムアウト ... 158
  - 抽象化 ... 24
  - 中断 ... 133
  - デッドライン ... 133
  - パターン ... 87,149
  - プリミティブ ... 21
  - 難しさ ... 4
  - モデル ... 27,199
  - 問題 ... 5
  - 割り込み可能性 ... 160
- 並行性 ... 1
- 並行性と並列性との違い ... 23
- 並行プログラミングのガイドライン ... 33
- ベストプラクティス ... 106
- ポーリング ... 163

ま行

- 待ち行列 ... キュー
- マルチプレキシング ... 92,119
- ミューテックス ... 29,49,85
- ムーアの法則 ... 2
- 無限ループ ... 53,91
- 無名関数 ... 37
- メインゴルーチン ... 37,92,203
- メッセージの複製 ... 162,175
- メモリ ... 43,45,61,130,217
  - ロック ... 51
- メモリアクセス同期 ... 8,47,49,65
  - 例 ... 9
- モデル ... 2,23,39,200
- 問題空間 ... 18,26,29,47,158

や行

ユーザーアノテーション 219

ら行

ライブロック 14,221
ランタイムの動作 199
リクエスト
    複製 175
リソース
    制限 177
    枯渇 16
    計測 17,218
リトルの法則 131
流量制限 103,116,177,177

API 185
トークンバケット 180
まとめる 187
両端キュー .... デック
ループ 41,53,69,82,91
レキシカル拘束 89
レスポンスをできる限り速く受け取る 175
ロック 51

わ行

ワークスティーリング 199
    アルゴリズム 202
    規則 202
割り込み 37,110,135,160,213

●著者紹介

Katherine Cox-Buday（キャサリン・コックス・バディ）

オンラインバンキングサービスのSimpleに勤務するコンピュータ科学者。ソフトウェアエンジニアリング、執筆、Go、音楽が趣味で、これらに対して断続的に、さまざまなレベルでの貢献をしている。

●訳者紹介

山口 能迪（やまぐち よしふみ）

グーグル合同会社デベロッパーアドボケイト。クラウド製品の普及と技術支援を担当し、特にオブザーバービリティ領域を担当。またGoコミュニティの支援も活発に行っている。以前はウェブ、Android、Googleアシスタントと幅広く新規製品のリリースと普及に関わり、多くの公開事例の技術支援を担当。好きなプログラミング言語の傾向は、実用志向で標準の必要十分に重きを置くもので、特にPythonとGoを好んでいる。

● カバーの説明

『Go 言語による並行処理』のカバーの動物はコミミハネジネズミ（Short-eared Elephant Shrew、Macroscelides proboscideus）という、ナミビア、ボツワナ、南アフリカの乾燥地帯に生息する小型の哺乳類です。センギ（sengi）という名でも知られており、コミミハネジネズミ（Short-eared Elephant Shrew）という名前は細長い鼻に由来し、象の鼻に似ていることから名づけられています。

コミミハネジネズミの体重は 28 グラムから 43 グラムの間で、10 センチメートルほどに成長します。ハネジネズミ科の中では最も小さな種で、体毛は茶色か灰色で腹部が白くなっています。シロアリ、アリ、毛虫などの昆虫、また木の実や植物の芽を食料としています。

コミミハネジネズミは主に単独で行動しますが、一夫一婦制をとる数少ない小動物です。つがいとなったペアは協力して他のハネジネズミからその縄張りを守っています。その一生は野生では 1 年から 2 年ほどですが飼育された状態で 4 年を生きた例が観察されています。

Go言語による並行処理

2018年10月25日	初版第1刷発行
2018年11月30日	初版第2刷発行

著　　　者	Katherine Cox-Buday（キャサリン・コックス・バディ）
訳　　　者	山口 能迪（やまぐち よしふみ）
発 行 人	ティム・オライリー
印刷・製本	日経印刷株式会社
発 行 所	株式会社オライリー・ジャパン
	〒160-0002　東京都新宿区四谷坂町12番22号
	Tel　（03）3356-5227
	Fax　（03）3356-5263
	電子メール　japan@oreilly.co.jp
発 売 元	株式会社オーム社
	〒101-8460　東京都千代田区神田錦町3-1
	Tel　（03）3233-0641（代表）
	Fax　（03）3233-3440

Printed in Japan（ISBN978-4-87311-846-8）
乱本、落丁の際はお取り替えいたします。

本書は著作権上の保護を受けています。本書の一部あるいは全部について、株式会社オライリー・ジャパンから文書による許諾を得ずに、いかなる方法においても無断で複写、複製することは禁じられています。